名家论人生丛书

胡 军 主编

不朽——我的宗教
胡适论人生

胡 适 著
王怡心 选编

北京大学出版社
PEKING UNIVERSITY PRESS

图书在版编目(CIP)数据

不朽：我的宗教：胡适论人生/胡适著；王怡心选编. —北京：北京大学出版社，2016.10
（名家论人生丛书）
ISBN 978-7-301-23927-8

Ⅰ.①不… Ⅱ.①胡… ②王… Ⅲ.①胡适（1891～1962）—人生哲学 Ⅳ.①B821

中国版本图书馆 CIP 数据核字（2014）第 022661 号

书　　　名	不朽——我的宗教：胡适论人生 BUXIU——WO DE ZONGJIAO
著作责任者	胡　适　著　王怡心　选编
责 任 编 辑	王炜烨
标 准 书 号	ISBN 978-7-301-23927-8
出 版 发 行	北京大学出版社
地　　　址	北京市海淀区成府路 205 号　100871
网　　　址	http://www.pup.cn
电 子 信 箱	zpup@pup.cn
新 浪 微 博	@北京大学出版社
电　　　话	邮购部 62752015　发行部 62750672　编辑部 62750673
印 刷 者	北京大学印刷厂
经 销 者	新华书店 890 毫米×1240 毫米　A5　10.25 印张　202 千字 2016 年 10 月第 1 版　2016 年 10 月第 1 次印刷
定　　　价	30.00 元

未经许可，不得以任何方式复制或抄袭本书之部分或全部内容。
版权所有，侵权必究
举报电话：010-62752024　电子信箱：fd@pup.pku.edu.cn
图书如有印装质量问题，请与出版部联系，电话：010-62756370

目录

现代境遇下的人生归宿
——《名家论人生丛书》序　　　　　　　/ 001

导读　　　　　　　　　　　　　　　　　/ 001

1. 自课　　　　　　　　　　　　　　　/ 001

2. 问题与主义　　　　　　　　　　　　/ 005

3. 易卜生主义　　　　　　　　　　　　/ 011

4. 贞操问题　　　　　　　　　　　　　/ 031

5. 美国的妇人　　　　　　　　　　　　/ 043

6. 不朽
　　——我的宗教　　　　　　　　　　/ 049

7. 少年中国之精神　　　　　　　　　　/ 061

8. 我的儿子　　　　　　　　　　　　　/ 067

9. 新生活　　　　　　　　　　　　　　/ 071

10. 爱国运动与求学 / 075
11. 非个人主义的新生活 / 089
12. 学生与社会 / 101
13. 哲学与人生 / 109
14. 科学的人生观 / 115
15. 读书 / 141
16. 我们对于西洋近代文明的态度 / 155
17. 麻将 / 171
18. 关于人生 / 175
19. 慈幼的问题 / 181
20. 我的思想 / 187
21. 保寿的意义 / 193
22. 我的信仰 / 197
23. 儒教的使命 / 225
24. 信心与反省 / 233
25. 大学毕业生赠言 / 237
26. 治学的方法 / 245
27. 个人自由与社会进步 / 255
28. 为学生运动进一言 / 261
29. 知识的准备 / 265
30. 中学生的修养与择业 / 277
31. 大学的择系标准 / 287

附：语萃 / 293

现代境遇下的人生归宿

——《名家论人生丛书》序

胡 军

都说人是自然的产物，但却没有人能够说清楚自然是如何产生人类的过程。自然具有无穷的威力，在时间和空间上，它都是无限的。人的个体生命却是极其有限的，是非常短暂的。即便是作为类的人，据说也有终结的时候。说人是万物之灵长，确也见得是人的孤芳自赏，或者竟是人的自以为是。

然而人与自然中其他一切物种确有着本质的差异，人有思想。这便是人的全部秘密，是人无上尊严之所在。思想使我们意识到自己是有限的存在，自然是伟大的，但自然却没有这样伟大的能力。

人类因此超越了自然。思想使我们能够自觉而深入地考究自然的奥秘，探索人自身生命的价值和意义。追求人生的意义的过程使我们清楚地意识到，生命的意义并不在于我们能够现实地占有多少财富，占有多大的空间，而是要能够彰显人之所以为人的本质性的东西,即人的尊严——生活的意义和生命的价值。孟子云:"体有贵贱,有小大。无以小害大,无以贱害贵。养其小者为小人,养其大者为大人。"此中所谓的贱而小者是指口腹之欲的满足,而小人也就是津津于物质生活中的人;而所谓的贵而大者则是追求人生的意义和价值的理想。孟子所谓的大人可能其物质生活十分清贫,但却具有崇高伟大的人生理想,并为实现这一理想而积极努力奋斗不已。

不明了人生的意义,不真正懂得生命的价值,而虚度了自己的一生,实在是人的终生遗憾,甚或可说是人的悲剧。我们可能在弥留之际还不甚了了人生的真谛或价值,但至少在漫长或短暂的人生旅途中,我们曾经思索过这样令人困惑不解的神秘问题,当离开这个世界,结束自己人生的时候,我们的内心至少因此可得到某种慰藉,不枉来此尘世走了一遭。

寻找到了人生的意义无疑是幸福的,但未曾找到却也思索或探索过人生的意义这样的问题,也会在我们的心头时时充溢着崇高、伟大和愉悦的感觉。

其实在漫长的历史发展中,我们中国人造就形成了自己对于人生意义和价值的行之有效的价值系统,儒、道思想便是这种价值系统的代表。其中特别是儒家的格物、致知、诚意、正心、修身、齐家、治国、平天下的以修身为本的教化思想,在中国传统社会中起着主导的作用,教导着人们如何实际而有意义地度过自己的一生。晚清以来伴随着强大的器物文化,西方的人生哲学思想也趁势大量地涌入中国,西学几乎主宰着中国思想界的走向,对于中国传统的人生理念几乎具有颠覆性的作用。当时的那种情势逼迫国人焦虑着如何强国、如何保种,而不是怎样依照传统的人生理念勾画设计自己的人生。西方的民主、自由、科学、法治、市场经济等理念在中国的现代社会中已经具有无比重要、人人称道的地位。于是问题也就是中国传统的人生理念是否仍然具有自己的价值或意义。

思考中国传统人生理念的现代价值,实质上是在探索中国传统人生理念与现代生活之间的关系。我们要知道现代生活的内容似乎都是源自西方的。可以清楚地看到,现代生活的这些理念并不是产生自中国传统文化内的,于是在探讨这两者之间关系的时候,也就自然产生了如下三种基本的反应模式:自由主义的、激进主义的和保守主义的。这三种主义之间好像南辕北辙,水火不相容,但它们所应对的问题却是相同的。不但问题相同,而且这三种主义的拥护者讨论这一问题的背景也是同样的,即他们都站在中国传统文化之内。

此种认识告诉我们,激进主义的、自由主义的和保守主义的反应模式无论在事实上还是在理论上都似乎很难说是达到成熟。文化并不是完全听人使唤的仆人,可以任你随性摆布,供你随意驱使。任何一种民族文化都是在漫长的历史过程中逐渐形成的,你要它全盘西化,它就能全盘西化?你要使它整个儿的翻盘,它就完全听从你的,第二天就根本改过?同样,在西方文化的强力冲击之下,你毫不动心,不予理会,也同样是异想天开。如梁漱溟在文化上应该说是一个保守主义者,坚定地持受儒家思想立场,但你仔细读他的关于中国文化的著作,你会很容易地发现,他前期关于生命的理论基础是柏格森的生命哲学,后期的则受了罗素本能、理智和灵性三分法的影响。

身处现代社会,不管你在讨论人生观问题上取何种态度,站什么立场,似乎都不可避免要落在中西文化的关系之内。我们的看法就是,讨论现代中国人的人生态度的正确立场不应该再是简单地回复到本位的或保守的立场,或是率直的西化、激进的态度,而是应该站在中国文化的立场上,理性地、客观地融合中国的和西方的有关人生的各种思想,正确地解决中国人的人生理念与现代生活的关系。中国文化具有包容性,在历史上曾经成功地摄取了印度佛教思想,经过几百年的吸收消化演变而成中国特有的禅宗思想。同样的,中国人也有能力站在自己文化或人生理念的基础上经过不断的努力,逐渐地吸收消化西方的文化或人生思想而逐渐地形成中国人自己的、新的人生理念。记得梁启超一百多年前在其《新民说》中曾这样说过:"新民云者,非欲民尽弃其旧以从人也。新之义有二:一曰淬厉其所本有而新之,二曰采补其所本无而新之。二者缺一,时乃无功。"诚哉斯言!

中国古代思想无疑有其不朽的永久性的价值,但与现代的生活终究有一定的隔膜和距离,因此极需现代化;而西方思想的辉煌成就也自不待言,然而现成的搬运过来、食洋不化,也将成无本之木、无源之水,无济于事。所幸的是,现代中国的许多哲学家和思想家们在探索中国文化的前途或出路的努力中,分别建立了自己的融会古今中西思想资源的人生思想体系。这些思想体系中有关人生思想的内容对于当代的年轻人将会有极大的帮助,有益于提高他们的人文素养,增进对于人生意义和价值的了解,使其臻至更高的人生境界。

《名家论人生丛书》所收集的均为现代著名思想家或哲学家关于人生思想或哲学的种种论述。它有如下几个特点:第一,我们不敢说收入本丛书中的著述已成为了"圣人遗训",放之四海而皆准,但这些论述在探求中国传统的人生理念与现代生活两者之间的关系方面作出了积极的贡献,其总的精神方向是正确的、健康的,并在中国现代社会中产生了相当大的影响,有着不可磨灭的作用,且能够为我们现在进一步思考人生意义或价值提供重大的理论和现实参考。第二,尤其重要的是,进入本丛书的作者对人生思想均有深入系统精到的思考分析,对东、西学术都有亲切的体认和系统的掌握,在人生思想上自成体系,卓然成一家之言。第三,本丛书希望能够系统全面地反映中国现代以来的人生思想研究的进展情况。

根据上述的这些特点或标准,收入本丛书的便有梁启超、蔡元培、陈独秀、李大钊、胡适、梁漱溟、熊十力、冯友兰、朱光潜、贺麟、张东荪、牟宗三、唐君毅、方东美等名家大师的有关人生思想的作品。有的哲学家如金岳霖虽然有庞大的哲学思想体系,但其重点在形而上学和知识论方面,没有人生哲学思想方面的系统的论述,所以也就不在本丛书的收列之中。

本丛书的编选既是为了给现代青年们提供关于人生思想方面

的优秀读本，也是便于专家学者对中国现代人的人生思想的深入研究。编者希望在此一论丛的基础上更进一步撰写出反映现实生活内容且适合于青年阅读的人生哲学书来。

《名家论人生丛书》是北大出版社有感于现在社会上弥漫的急功近利、过度注重经济实业发展的风气，坊间又缺乏可供青年人阅读的人生思想方面的成套的上乘佳作这一现状而策划的选题。同样由于我的学术兴趣在中国现代哲学领域，更由于我近来对人生哲学思想也有很浓厚的兴趣，所以我就主编了这样一套人生论丛。此套丛书的出版既有益于社会，有益于青年，也有益于推进对于人生思想的学术研究。

导 读

时间是冷酷的,忘却则是人的本性。多么响亮的日子,多么鲜活的生命,最终都将沉淀在时间的河床上,永远地沉寂下来,尘封起来,消失了他们的音迹。

然而,却有那么极少数的人与事,声音与面容,任是多少年之后,仍固执地持守在人们的思想里,驻留在人们的生活中,悄无声息地散发着它的芬芳,播撒着永恒的真、善与美,就像一代巨人胡适和他的文字。

胡适(1891—1962),字适之,安徽绩溪人。幼年入塾读书,后入上海的新式学堂。1910年考取庚款留学官费生,赴美入康奈尔大学读书,学农科一年后转为文科。1915年到哥伦比亚大学师从著名哲学家杜威攻读哲学博士学位,1917年获得博士学位后回国,任北京大学文科教授,抗战期间任中国驻美大使,卸任后从事学术工作。

1946年回国,就任北京大学校长。1949年到美国,寓居纽约,1958年离美回台北定居,并就任台湾中央研究院院长一职。1962年在台北逝世。

在中国从传统向现代的转型过程中,胡适是一位极为重要的历史人物,他在中国现代史上的贡献与影响是独一无二的。胡适自己曾说:"哲学是我的职业,文学是我的娱乐,政治只是我的一种忍不住的新努力。"(《我的歧路》)无论是思想、文化、教育,还是社会政治,无论是传统国学,还是近代西学,他都曾进行过富有成果的探索和研究,并积极推进文化与社会领域的改造活动。

胡适最先引起世人注目的是在新文化运动中扮演的主将角色。他大力提倡文学革命,倡导白话文。1917年发表《文学改良刍议》一文,提出不用典、不用陈套语等"八不"主义,掀起了白话文运动的狂澜,打响了新文化运动的第一炮;随后发表的《建设的文学革命论》,提出了"文学革命最堂皇的宣言",他的《论新诗》"差不多成了诗的创造与批评的金科玉律了",他出版的中国有史以来第一部白话新诗集《尝试集》,更是表现了作为中国新诗创作的开山人物之"尝试的精神"和放胆创造的勇气。

作为北京大学最年轻的教授,胡适创办哲学研究所,倡导教授治校、学生选科制等新风尚,鼓励创办多种研究团体,赞助学术刊物,对于开创新校风,奠定新式高等教育的基础,作出了积极贡献。当一代青年在黑暗的现实社会面前感到彷徨无路、消极绝望时,胡适提出了"健全的个人主义",积极推动思想解放运动,引领青年投身个性解放的洪流。

作为杜威的学生,胡适大力传播其师的哲学主要是实验主义。他不仅作为翻译陪同杜威在华各地演讲,还提出了"大胆的假设,小心的求证"作为实验主义的方法内核,使实验主义哲学在中国产生了广泛的影响。可以说,当时在所有译介和引入西方哲学的人当中,胡适是最成功的一个。

胡适是一个学养深厚、学风严谨的学者,对中国文化有一种使命感和责任感。他积极倡导整理国故,希望"从乱七八糟里面寻出一个条理脉络来;从无头无脑里面寻出一个前因后果来;从胡说谬解里面寻出一个真意义来;从武断迷信里面寻出一个真价值来"。从而"化黑暗为光明,化臭腐为神奇,化平常为玄妙,化凡庸为神圣","打倒一切成见,为中国学术谋解放"。其实质是借鉴西方的新方法来重新整理本民族的历史文化遗产,融会沟通中西学术。

具体说来,在哲学方面,胡适对于中国哲学史研究的现代化具有创始之功。他自小熟读经书,深谙汉学,青年时代西学的熏习,又使他掌握了系统的治学方法。1919年,胡适出版了中国第一本哲学史《中国哲学史大纲》,这部耳目一新的著作,很快使胡适的影响从北大扩大到全国。

胡适整理国故的另一项成就是他对中国古典小说的精深研究,以《〈水浒传〉考证》《〈红楼梦〉考证》等为代表,胡适将古典小说的研究引到了正当的学术范围,开启了史学研究"疑古"的新方法。有意思的是,经他考证和介绍的几种小说,也一时都成了畅销书。

与不少学者一样,胡适刚学成回国之时曾暗下决心专事学术,不谈政治,然而,面对当时灾难深重的中国,却终是无法忘情于政治。从1919年发表《多研究些问题,少谈些主义》一文开始,到组织努力会,创办杂志,发表政治改革的主张,作为学者的胡适逐渐走向了政治的前沿。抗战爆发之后,胡适受蒋介石之托出访欧美,展开"民间外交",1938年就任驻美大使,凭借他国际知名学者的声望与演说的天才,增进了美国各界对中国抗战的了解与同情,圆满完成了肩负的使命。1942年9月卸任,重新回归了淡泊的学术生活。之后的二十年,胡适主要致力于《水经注》疑案的考证,时而也兼及佛道二教,直至谢世。

特别值得一提的是,胡适既有磅礴的才情,积极的社会关怀,更有独特的个人魅力。青年时期即成名的他,难得的是能够始终贫贱自守,淡泊名利,注重自身人格的砥砺。既有强烈的责任感、宽容与牺牲精神,又有平和的心态与洞察人生的智慧,还能"吾道一以贯之",其气象万千的人格在同时代人中确实罕有其匹,这也是他的名字总是能够撼动人们心灵的原因。他的声音是一座永恒燃烧的星宿,在他生前,曾经照亮了一代人的眼睛,在他身后,也将照亮一代又一代人的心灵!

已经凝结在我们的思想背景里、铸成了我们的民族记忆的东西,我们无法忘却,我们只能聆听与回忆!

王怡心
2009年12月

1. 自课

曾子曰："士不可以不弘毅,任重而道远。仁以为己任,不亦重乎？死而后已,不亦远乎？"此何等气象,何等魄力！

任重而道远,不可不早为之计:第一,须有健全之身体;第二,须有不挠不曲之精神;第三,须有博大高深之学问。日月逝矣,三者一无所成,何以对日月？何以对吾身？

吾近来省察工夫全在消极一方面,未有积极工夫。今为积极之进行次序曰：

第一,卫生：

  每日七时起。

  每夜十一时必就寝。

  晨起做体操半时。

第二,进德：

表里一致——不自欺。

言行一致——不欺人。

对己与接物一致——恕。

今昔一致——恒。

第三,勤学:

每日至少读六时之书。

读书以哲学为中坚,而以政治、宗教、文学、科学辅焉。主客既明,轻重自别。毋反客为主,须擒贼擒王。读书随手作记。

1915年2月18日

2. 问题与主义[①]

[①] 原载1917年7月20日《每周评论》第31号。——编者

本报(《每周评论》)第二十八号里,我曾说过:

现在舆论界大危险,就是偏向纸上的学说,不去实地考察中国今日的社会需要究竟是什么东西。那些提倡尊孔祀天的人,固然是不懂得现时社会的需要。那些迷信军国民主义或无政府主义的人,就可算是懂得现时社会的需要么?

要知道舆论家的第一天职,就是细心考察社会的实在情形。一切学理,一切"主义",都是这种考察的工具。有了学理作参考材料,便可使我们容易懂得所考察的情形,容易明白某种情形有什么意义,应该用什么救济的方法。

我这种议论,有许多人一定不愿意听。但是前几天北京《公言报》《新民国报》《新民报》(皆安福部的报),和日本文的《新支那报》,都极力恭维安福部首领王揖唐主张民生主义的演说,并且恭维安福部设立"民生主义的研究会"的办法。有许多人自然嘲笑这种假充时髦的行为。但是我看了这种消息,发生一种感想。这种感想是:"安福部也来高谈民生主义了,这不够给我们这班新舆论家一个教训吗?"什么教训呢?这可分三层说:

第一,空谈好听的"主义",是极容易的事,是阿猫阿狗都能做的事,是鹦鹉和留声机器都能做的事。

第二,空谈外来进口的"主义",是没有什么用处的。一切主义都是某时某地的有心人,对于那时那地的社会需要的救济方法。我们不去实地研究我们现在的社会需要,单会高谈某某主义,好比医生单记得许多汤头歌诀,不去研究病人的症候,如何能有用呢?

第三,偏向纸上的"主义",是很危险的。这种口头禅很容易被无耻政客利用来做种种害人的事。欧洲政客和资本家利用国家主义的流毒,都是人所共知的。现在中国的政客,又要利用某种主义来欺人了。罗兰夫人说:"自由自由,天下多少罪恶,都是借你的名做出的!"一切好听的主义,都有这种危险。

这三条合起来看,可以看出"主义"的性质。凡"主义"都是应时势而起的。某种社会,到了某时代,受了某种的影响,呈现某种不满意的现状。于是有一些有心人,观察这种现象,想出某种救济的法子。这是"主义"的原起。主义初起时,大都是一种救时的具体主张。后来这种主张传播出去,传播的人要图简便,便用一两个字来代表这种具体的主张,所以叫他做"某某主义"。主张成了主义,便由具体的计划,变成一个抽象的名词。"主义"的弱点和危险,就在这里。因为世间没有一个抽象名词能把某人某派的具体主张都包括在里面。比如"社会主义"一个名词,马克思的社会主义和王揖唐的社会主义不同,你的社会主义和我的社会主义不同,绝不是这一个抽象名词所能包括。你谈你的社会主义,我谈我的社会主义,王揖唐又谈他的社会主义,同用一个名词,中间也许隔开七八个世纪,也许隔开两三万里路,然而你和我和王揖唐都可自称社会主义,都可用这一个抽象名词来骗人。这不是"主义"的大缺点和大危险吗?

我再举现在人人嘴里挂着的"过激主义"做一个例:现在中国有几个人知道这一个名词做何意义?但是大家都痛恨痛骂"过激主义",内务部下令严防"过激主义",曹锟也行文严禁"过激主义",卢永祥也出示查禁"过激主义"。前两个月,北京有几个老官僚在酒席上叹气,说:"不好了,过激派到了中国了。"前两天有一个小官僚,看见我写的一把扇子,大诧异道:"这不是过激党胡适吗?"哈哈,这就是"主义"的用处!

我因为深觉得高谈主义的危险,所以我现在奉劝新舆论界的同志道:"请你们多提出一些问题,少谈一些纸上的主义。"

更进一步说:"请你们多多研究这个问题如何解决,那个问题如何解决,不要高谈这种主义如何新奇,那种主义如何奥妙。"

现在中国应该赶紧解决的问题,真多得很。从人力车夫的生计问题,到大总统的权限问题;从卖淫问题到卖官卖国问题;从解散安福部问题到加入国际联盟问题;从女子解放问题到男子解放问题……哪一个不是火烧眉毛紧急问题?

我们不去研究人力车夫的生计,却去高谈社会主义;不去研究女子如何解放,家庭制度如何纠正,却去高谈公妻主义和自由恋爱;不去研究安福部如何解散,不去研究南北问题如何解决,却去高谈无政府主义;我们还要得意洋洋夸口道,"我们所谈的是根本解决"。老实说罢,这是自欺欺人的梦话,这是中国思想界破产的铁证,这是中国社会改良的死刑宣告!

为什么谈主义的人那么多,为什么研究问题的人那么少呢?这都由于一个懒字。懒的定义是避难就易。研究问题是极困难的事,高谈主义是极容易的事。比如研究安福部如何解散,研究南北和议如何解决,这都是要费工夫,挖心血,收集材料,征求意见,考察情形,还要冒险吃苦,方才可以得一种解决的意见。又没有成例可援,又没有黄梨洲、柏拉图的话可引,又没有《大英百科全书》可查,全凭研究考察的工夫:这岂不是难事吗?高谈"无政府主义"便不同了。买一两本实社《自由录》,看一两本西文无政府主义的小册子,再翻一翻《大英百科全书》,便可以高谈无忌了:这岂不是极容易的事吗?

高谈主义,不研究问题的人,只是畏难求易,只是懒。

凡是有价值的思想,都是从这个那个具体的问题下手的。先研究了问题的种种方面的种种的事实,看看究竟病在何处,这是思想的第一步工夫。然后根据于一生经验学问,提出种种解决的方法,提出种种医病的丹方,这是思想的第二步工夫。然后用一生的经验学问,加上想象的能力,推想每一种假定的解决法,该有什么样的效果,推想这种效果是否真能解决眼前这个困难问题。推想的结果,拣定一种假定的解决，认为我的主张，这是思想的第三步工夫。凡是有价值的主张，都是先经过这三步工夫来的。不如此，不算舆论家，只可算是抄书手。

读者不要误会我的意思。我并不是劝人不研究一切学说和一切"主义"。学理是我们研究问题的一种工具。没有学理做工具，就如同王阳明对着竹子痴坐，妄想"格物"，那是做不到的事。种种学说和主义，我们都应该研究。有了许多学理做材料，见了具体的问题，方才能寻出一个解决的方法。但是我希望中国的舆论家，把一切"主义"摆在脑背后，做参考资料，不要挂在嘴上做招牌，不要叫一知半解的人拾了这些半生不熟的主义，去做口头禅。

"主义"的大危险，就是能使人心满意足，自以为寻着包医百病的"根本解决"，从此用不着费心力去研究这个那个具体问题的解决法了。

民国八年七月

3. 易卜生主义①

---

① 原载1918年6月15日《新青年》第四卷第6号。——编者

一

易卜生最后所作的《我们死人再生时》(When We Dead Awaken)一本戏里面有一段话,很可表出易卜生所作文学的根本方法。这本戏的主人翁是一个美术家,费了全副精神,雕成一副像,名为"复活日"。这位美术家自己说他这副雕像的历史道:

  我那时年纪还轻,不懂得世事。我以为这"复活日"应该是一个极精致,极美的少女像,不带着一毫人世的经验,平空地醒来,自然光明庄严,没有什么过恶可除。……但是我后来那几年,懂得些世事了,才知道这"复活日"不是这样简单的,原来是很复杂的。……我眼里所见的人情世故,都到我理想中来,我不能不把这些现状包括进去。我只好把这像的座子放大了,放宽了。

　　我在那座子上雕了一片曲折爆裂的地面。从那地的裂缝里，钻出来无数模糊不分明，人身兽面的男男女女。这都是我在世间亲自见过的男男女女。（二幕）

这是"易卜生主义"的根本方法。那不带一毫人世罪恶的少女像，是指那盲目的理想派文学。那无数模糊不分明，人身兽面的男男女女，是指写实派的文学。易卜生早年和晚年的著作虽不能全说是写实主义，但我们看他极盛时期的著作，尽可以说，易卜生的文学，易卜生的人生观，只是一个写实主义。一八八二年，他有一封信给一个朋友，信中说道：

　　我做书的目的，要使读者人人心中都觉得他所读的全是实事。（《尺牍》第一五九号）

人生的大病根在于不肯睁开眼睛来看世间的真实现状。明明是男盗女娼的社会，我们偏说是圣贤礼仪之邦；明明是赃官污吏的政治，我们偏要歌功颂德；明明是不可救药的大病，我们偏说一点病都没有！却不知道：若要病好，须先认有病；若要政治好，须先认现今的政治实在不好；若要改良社会，须先知道现今的社会实在是男盗女娼的社会！易卜生的长处，只在他肯说老实话，只在他能把社会种种腐败龌龊的实在情形写出来叫大家仔细看。他并不是爱说社会的坏处，他只是不得不说。一八八〇年，他对一个朋友说：

　　我无论作什么诗，编什么戏，我的目的只要我自己精神上

的舒服清净。因为我们对于社会的罪恶,都脱不了干系的。(《尺牍》第一四八号)

因为我们对于社会的罪恶都脱不了干系,故不得不说老实话。

二

我们且看易卜生写近世的社会,说的是一些什么样的老实话。第一,先说家庭。

易卜生所写的家庭,是极不堪的。家庭里面,有四种大恶德:一是自私自利;二是倚赖性,奴隶性;三是假道德,装腔做戏;四是懦怯没有胆子。做丈夫的便是自私自利的代表。他要快乐,要安逸,还要体面,所以他要娶一个妻子。正如《娜拉》①戏中的郝尔茂②,他觉得同他妻子有爱情是很好玩的。他叫他妻子做"小宝贝""小鸟儿""小松鼠儿""我的最亲爱的"等等肉麻名字。他给他妻子一点钱去买糖吃买粉搽买好衣服穿。他要他妻子穿得好看,打扮得标致。做妻子的完全是一个奴隶。她丈夫喜欢什么,她也该喜欢什么,她自己是不许有什么选择的。她的责任在于使丈夫喜欢。她自己不用有思想,她丈夫会替她思想。她自己不过是她丈夫的玩意儿,很像叫花子的猴子专替他变把戏引人开心的(所以《娜拉》又名《玩物之家》)。丈夫要妻子守节,妻子却不能要丈夫守节。正如《群鬼》(Ghosts)戏里的阿尔文夫人受不过丈夫的气,跑到一个朋友家去;那

---

① 后译《玩偶之家》。
② 又译作"海尔茂"

位朋友是个牧师,狠教训了她一顿,说她不守妇道。但是阿尔文夫人的丈夫专在外面偷妇人,甚至淫乱他妻子的婢女;人家都毫不介意,那位牧师朋友也觉得这是男人常有的事,不足为奇!妻子对丈夫,什么都可以牺牲;丈夫对妻子,是不犯着牺牲什么的。《娜拉》戏内的娜拉因为要救她丈夫的生命,所以冒他父亲的名字,签了借据去借钱。后来事体闹穿了,她丈夫不但不肯替娜拉分担冒名的干系,还要痛骂她带累他自己的名誉。后来和平了结了,没有危险了,她丈夫又装出大度的样子,说不追究她的错处了。他得意洋洋地说道:"一个男人赦了他妻子的过错是很畅快的事!"(《娜拉》三幕)

这种极不堪的情形,何以居然忍耐得住呢?第一,因为人都要顾面子,不得不装腔做戏,做假道德遮着面孔。第二,因为大多数的人都是没有胆子的懦夫。因为要顾面子,故不肯闹翻;因为没有胆子,故不敢闹翻。那"娜拉"戏里的娜拉忽然看破家庭是一座做猴子戏的戏台,她自己是台上的猴子。她有胆子,又不肯再装假面子,所以告别了掌班的,跳下了戏台,去干她自己的生活。那《群鬼》戏里的阿尔文夫人没有娜拉的胆子,又要顾面子,所以被她的牧师朋友一劝,就劝回头了,还是回家去尽她的"天职",守她的"妇道"。她丈夫仍旧做那种淫荡的行为。阿尔文夫人只好牺牲自己的人格,尽力把他羁縻在家。后来生下一个儿子,他母亲恐怕他在家学了他父亲的坏榜样,所以到了七岁便把他送到巴黎去。她一面要哄她丈夫在家,一面要在外边替她丈夫修名誉,一面要骗她儿子说他父亲是怎样一个正人君子。这种情形,过了十九个足年,她丈夫才死。死后,他妻子还要替他装面子,花了许多钱,造了一所孤儿院,作她亡夫的遗爱。孤儿院造成了,她把儿子唤回来参与孤儿院落成的庆典。谁知她儿子从胎里就得了他父亲的花柳病的遗毒,变成一种脑腐症,到家没几天,那孤儿院也被火烧了,她儿子的遗传病发作,脑子坏了,就成了疯人了。这是没有胆子,又要顾面子的结局。这就是腐败家庭的下场!

三

其次,且看易卜生的社会的三种大势力。那三种大势力:一是法律,二是宗教,三是道德。

第一,法律。法律的效能在于除暴去恶,禁民为非。但是法律有好处也有坏处。好处在于法律是无有偏私的,犯了什么法,就该得什么罪;坏处也在于此。法律是死板的条文,不通人情世故,不知道一样的罪名却有几等几样的居心,有几等几样的境遇情形,同犯一罪的人却有几等几样的知识程度。法律只说某人犯了某法的某某篇某某章某某节,该得某某罪,全不管犯罪的人的知识不同,境遇不同,居心不同。《娜拉》戏里有两件冒名签字的事:一件是一个律师做的,一件是一个不懂法的妇人做的。那律师犯这罪全由于自私自利,那妇人犯这罪全因为她要救她丈夫的性命。但是法律全不问这些区别。请看这两个"罪人"讨论这个问题:

(律师) 郝夫人,你好像不知道你犯了什么罪。我老实对你说,我犯的那桩使我一生声名扫地的事,和你所做的事恰恰相同,一毫也不多,一毫也不少。

  (娜拉) 你! 难道你居然也敢冒险去救你妻子的命吗?

  (律师) 法律不管人的居心如何。

  (娜拉) 如此说来,这种法律是笨极了。

  (律师) 不问他笨不笨,你总要受他的裁判。

  (娜拉) 我不相信。难道法律不许做女儿的想个法子免得他临死的父亲烦恼吗? 难道法律不许做妻子的救她丈夫的命吗? 我不大懂得法律,但是我想总该有这种法律承认这些事的。你是一个律师,你难道不知道有这样的法律吗? 柯先生,你真是一个不中用的律师了。(《娜拉》一幕)

最可怜的是世上真没有这种人情人理的法律!

第二,宗教。易卜生眼里的宗教久已失了那种可以感化人的能力;久已变成毫无生气的仪节信条,只配口头念得烂熟,却不配使人奋发鼓舞了。《娜拉》戏里说:

  (郝尔茂) 你难道没有宗教吗?

  (娜拉) 我不很懂得究竟宗教是什么东西。我只知道我进教时那位牧师告诉我的一些话。他对我说宗教是这个,是那个,是这样,是那样。(三幕)

如今人的宗教,都是如此,你问她信什么教,她就把她的牧师或是她的先生告诉她的话背给你听。她会背耶稣的祈祷文,她会念阿弥陀佛,她会背一部《圣谕广训》。这就是宗教了!

宗教的本意,是为人而作的,正如耶稣说的,"礼拜是为人造的,不是人为礼拜造的"。不料后世的宗教处处与人类的天性相反，处处反乎人情。如《群鬼》戏中的牧师，逼着阿尔文夫人回家去受那荡子丈夫的待遇，去受那十九年极不堪的惨痛。那牧师说，宗教不许人求快乐；求快乐便是受了恶魔的魔力了。他说，宗教不许做妻子的批评她丈夫的行为。他说，宗教教人无论如何总要守妇道，总须尽责任。那牧师口口声声所说是"是"的，阿尔文夫人心中总觉得都是"不是"的。后来阿尔文夫人仔细去研究那牧师的宗教，忽然大悟。原来那些教条都是假的，都是"机器造的"!（《群鬼》二幕）

但是这种机器造的宗教何以居然能这样兴旺呢？原来现在的宗教虽没有精神上的价值，却极有物质上的用场。宗教是可以利用的，是可以使人发财得意的。那《群鬼》戏里的木匠，本是一个极下流的酒鬼，卖妻卖女都肯干的。但是他见了那位道学的牧师，立刻就装出宗教家的样子，说宗教家的话，做宗教家的唱歌祈祷，把这位蠢牧师哄得滴溜溜地转（二幕）。那《罗斯马庄》[①]（Rosmersholm）戏里面的主人翁罗斯马本是一个牧师，后来他的思想改变了，遂不信教了。他那时想加入本地的自由党，不料党中的领袖却不许罗斯马宣告他脱离教会的事。为什么呢？因为他们党里很少信教的人，故想借罗斯马的名誉来号召那些信教的人家。可见宗教的兴旺，并不是因为宗教真有兴旺的价值，不过是因为宗教有可以利用的好处罢了。

[①] 后译《罗斯莫庄》。

第三，道德。法律宗教既没有裁制社会的本领，我们且看"道德"可有这种本事。据易卜生看来，社会上所谓"道德"不过是许多陈腐的旧习惯。合于社会习惯的，便是道德；不合于社会习惯的，便是不道德。正如我们中国的老辈人看见少年男女实行自由结婚，便说是"不道德"，为什么呢？因为这事不合于"父母之命，媒妁之言"的社会习惯。但是这班老辈人自己讨许多小老婆，却以为是很平常的事，没有什么不道德。为什么呢？因为习惯如此。又如中国人死了父母，发出讣书，人人都说"泣血稽颡""苫块昏迷"。其实他们何尝泣血？又何尝"寝苫枕块"？这种自欺欺人的事，人人都以为是"道德"，人人都不以为羞耻，为什么呢？因为社会的习惯如此，所以不道德的也觉得道德了。

这种不道德的道德，在社会上，造出一种诈伪不自然的伪君子。面子上都是仁义道德，骨子里都是男盗女娼。易卜生最恨这种人。他有一本戏，叫做《社会的栋梁》①（Pillars of Society）。戏中的主人名叫褒匿，是一个极坏的伪君子。他犯了一桩奸情，却让他兄弟受这恶名，还要诬赖他兄弟偷了钱跑脱了。不但如此，他还雇了一只烂脱底的船送他兄弟出海，指望把他兄弟和一船的人都沉死在海底，可以灭口。

这样一个大奸，面子上却做得十分道德，社会上都尊敬他，称他做"全市第一个公民""公民的模范""社会的栋梁"！他谋害他兄弟

---

① 后译《社会支柱》。

的那一天，本城的公民，聚了几千人，排起队来，打着旗，奏着军乐，上他的门来表示社会的敬意，高声喊道，"褒匿万岁！社会的栋梁褒匿万岁！"

这就是道德！

四

其次，我们且看易卜生写个人与社会的关系。

易卜生的戏剧中，有一条极显而易见的学说，是说社会与个人互相损害。社会最爱专制，往往用强力摧折个人的个性，压制个人自由独立的精神；等到个人的个性都消灭了，等到自由独立的精神都完了，社会自身也没有生气了，也不会进步了。社会里有许多陈腐的习惯，老朽的思想，极不堪的迷信，个人生在社会中，不能不受这些势力的影响。有时有一两个独立的少年，不甘心受这种陈腐规矩的束缚，于是东冲西突想与社会作对。上文所说的褒匿，当少年时，也曾想和社会反抗。但是社会的权力很大，网罗很密，个人的能力有限，如何是社会的敌手？社会对个人道："你们顺我者生，逆我者死；顺我者有赏，逆我者有罚。"那些和社会反对的少年，一个一个的都受家庭的责备，遭朋友的怨恨，受社会的侮辱驱逐。再看那些奉承社会意旨的人，一个一个的都升官发财，安富尊荣了。当此境地，不是顶天立地的好汉，决不能坚持到底。所以像褒匿那般人，做了几时的维新志士，不久也渐渐地受社会同化，仍旧回到旧社会去做"社会栋梁"了。社会如同一个大火炉，什么金银铜铁锡，进了炉子,都要熔化。易卜生有一本戏叫做《雁》①(The Wild Duck),写一个人捉到一只雁,把它养在楼上半阁里,每天给它一桶水,让它在水里打滚游戏。那雁本是一个海阔天空逍遥自得的飞鸟,如今在半阁里关久了,也会生活,也会长得胖胖的,后来竟完全忘记了它从前那种海阔天空来去自由的乐处了!个人在社会里,就同这雁在人家半阁上一般,起初未必满意,久而久之,也就惯了,也渐渐地把黑暗世界当作安乐窝了。

社会对于那班服从社会命令,维持陈旧迷信,传播腐败思想的人,一个一个的都有重赏。有的发财了,有的升官了,有的享大名誉了。这些人有了钱,有了势,有了名誉,就像老虎长了翅膀,更可横行无忌了,更可借着"公益"的名义去骗人钱财,害人生命,做种种无法无天的行为。易卜生的《社会的栋梁》和《博克曼》(John Gabriel Borkman)两本戏的主人翁都是这种人物。他们钱赚得够了,然后掏出几个小钱来:开一个学堂,造一所孤儿院,立一个公共游戏场,"捐二十磅金去买面包给贫人吃"(用《社会的栋梁》二幕中语)。于是社会格外恭维他们,打着旗子,奏着军乐,上他们家来,大喊"社会的栋梁万岁"!

那些不懂事又不安本分的理想家,处处和社会的风俗习惯反对,是该受重罚的。执行这种重罚的机关,便是"舆论",便是大多数的"公论"。世间有一种最通行的迷信,叫做"服从多数的迷信"。人

---

① 后译《野鸭》。

都以为多数人的公论总是不错的。易卜生绝对的不承认这种迷信。他说"多数党总在错的一边,少数党总在不错的一边"(《国民公敌》①五幕)。一切维新革命,都是少数人发起的,都是大多数人所极力反对的。大多数人总是守旧麻木不仁的;只有极少数人,有时只有一个人,不满意于社会的现状,要想维新,要想革命。这种理想家是社会所最忌的。大多数人都骂他是"捣乱分子",都恨他"扰乱治安",都说他"大逆不道";所以他们用大多数的专制威权去压制那"捣乱"的理想志士,不许他开口,不许他行动自由,把他关在监牢里,把他赶出境去,把他杀了,把他钉在十字架上活活的钉死,把他捆在柴草上活活的烧死。过了几十年几百年,那少数人的主张渐渐地变成多数人的主张了,于是社会的多数人又把他们从前杀死钉死烧死的那些"捣乱分子"一个一个地重新推崇起来,替他们修墓,替他们作传,替他们立庙,替他们铸铜像。却不知道从前那种"新"思想,到了这时候,又早已成了"陈腐的"迷信!当他们替从前那些特立独行的人修墓铸铜像的时候,社会里早已发生了几个新派少数人,又要受他们杀死钉死烧死的刑罚了!所以说"多数党总是错的,少数党总是不错的"。

易卜生有一本戏叫做《国民公敌》,里面写的就是这个道理。这本戏的主人翁斯铎曼医生从前发现本地的水可以造成几处卫生浴池。本地的人听了他的话,觉得有利可图,便集了资本造了几处卫

---

① 后译《人民公文》。

生浴池。后来四方人闻了这浴池之名,纷纷来这里避暑养病。来的人多了,本地的商业市面便渐渐发达兴旺。斯铎曼医生便做了浴池的官医。后来洗浴的人之中,忽然发生一种流行病症,经这位医生仔细考察,知道这病症是从浴池的水里来的,他便装了一瓶水寄给大学的化学师请他化验。化验出来,才知道浴池的水管安的太低了,上流的污秽,停积在浴池里,发生一种传染病的微生物,极有害于公众卫生。斯铎曼医生得了这种科学证据,便做了一篇切切实实的报告书,请浴池的董事会把浴池的水管重行改造,以免妨碍卫生。不料改造浴池须要花费许多钱,又要把浴池闭歇一两年;浴池一闭歇,本地的商务便要受许多损失。所以本地的人全体用死力反对斯铎曼医生的提议。他们宁可听那些来避暑养病的人受毒病死,却不情愿受这种金钱的损失,所以他们用大多数的专制威权压制这位说老实话的医生,不许他开口。他做了报告,本地的报馆都不肯登载。他要自己印刷,印刷局也不肯替他印。他要开会演说,全城的人都不把空屋借他做会场。后来好容易找到了一所会场,开了一个公民会议,会场上的人不但不听他的老实话,还把他赶下台去,由全体一致表决,宣告斯铎曼医生从此是国民的公敌。他逃出会场,把裤子都撕破了,还被众人赶到他家,用石头掷他,把窗户都打碎了。到了明天,本地政府革了他的官医;本地商民发了传单不许人请他看病;他的房东请他赶快搬出屋去;他的女儿在学堂教书,也被校长辞退了。这就是"特立独立"的好结果!这就是大多数惩罚少数"捣乱分子"的辣手段!

五

其次，我们且说易卜生的政治主义。易卜生的戏剧不大讨论政治问题，所以我们须要用他的《尺牍》(Letters, ed. by his son, Sigurd lbsen, English Trans. 1905)做参考的材料。

易卜生起初完全是一个主张无政府主义的人。当普法之战（一八七〇至一八七一年）时，他的无政府主义最为激烈。一八七一年，他有信与一个朋友道：

> ……个人绝无做国民的需要。不但如此，国家简直是个人的大害。请看普鲁士的国力，不是牺牲了个人的个性去买来的吗？国民都成了酒馆里跑堂的了，自然个个是好兵了。再看犹太民族：岂不是最高贵的人类吗？无论受了何种野蛮的待遇，那犹太民族还能保存本来的面目。这都因为他们没有国家的缘故。国家总得毁去。这种毁除国家的革命，我也情愿加入。毁去国家观念，单靠个人的情愿和精神上的团结做人类社会的基本——若能做到这步田地，这可算得有价值的自由起点。那些团体的变迁，换来换去，都不过是弄把戏——都不过是全无道理的胡闹。（《尺牍》第七九页）

易卜生的纯粹无政府主义，后来渐渐地改变了。他亲自看见巴黎"市民政府"(commune)的完全失败（一八七一），便把他主张无政府主义的热心减了许多（《尺牍》第八一页）。到了一八八四年，他写信给他的朋友说，他在本国若有机会，定要把国中无权的人民联合成一个大政党,主张极力推广选举权,提高妇女的地位,改良国家教育要使脱除一切中古陋习(《尺牍》第一七八页)。这就不是无政府的口气了。但是他自己到底不曾加入政党。他以为加入政党是很下流的事(《尺牍》第一五八页)。他最恨那班政客,他以为"那班政客所力争的,全是表面上的权利,全是胡闹。最要紧的是人心的大革命"。(《尺牍》第七七页)

易卜生从来不主张狭义的国家主义,从来不是狭义的爱国者。一八八八年,他写信给一个朋友说道:

> 知识思想略为发达的人,对于旧式的国家观念,总不满意。我们不能以为有了我们所属的政治团体便足够了。据我看来,国家观念不久就要消灭了,将来定有种观念起来代他。即以我个人而论,我已经过这种变化。我起初觉得我是挪威国人,后来变成斯堪丁纳维亚人(挪威与瑞典总名斯堪丁纳维亚),我现在已成了条顿人了。(《尺牍》第二〇六页)

这是一八八八年的话。我想易卜生晚年临死的时候(一九〇六),一定已进到世界主义的地步了。

六

我开篇便说过易卜生的人生观只是一个写实主义。易卜生把家庭社会的实在情形都写了出来,叫人看了动心,叫人看了觉得我们的家庭社会原来是如此黑暗腐败,叫人看了觉得家庭社会真正不得不维新革命——这就是"易卜生主义"。表面上看去,像是破坏的,其实完全是建设的。譬如医生诊了病,开了一个脉案,把病状详细写出,这难道是消极的破坏的手续吗?但是易卜生虽开了许多脉案,却不肯轻易开药方。他知道人类社会是极复杂的组织,有种种绝不相同的境地,有种种绝不相同的情形。社会的病,种类纷繁,绝不是什么"包医百病"的药方所能治得好的。因此他只好开了脉案,说出病情,让病人各人自己去寻医病的药方。

虽然如此,但是易卜生生平却也有一种完全积极的主张。他主张个人须要充分发挥自己的天才性,须要充分发展自己的个性。他有一封信给他的朋友白兰戴说道:

> 我所最期望于你的是一种真益纯粹的为我主义。要使你有时觉得天下只有关于我的事最要紧,其余的都算不得什么。你要想有益于社会,最好的法子莫如把你自己这块材料铸造成器。……有的时候我真觉得全世界都像海上撞沉了船,最要紧的还是救出自己。(《尺牍》第八四页)

最可笑的是有些人明知世界"陆沉",却要跟着"陆沉",跟着堕落,不肯"救出自己"!却不知道社会是个人组成的,多救出一个人便是多备下一个再造新社会的分子。所以孟轲说"穷则独善其身",这便是易卜生所说"救出自己"的意思。这种"为我主义",其实是最有价值的利人主义。所以易卜生说:"你要想有益于社会,最妙的法子莫如把你自己这块材料铸造成器。"《娜拉》戏里,写娜拉抛了丈夫儿女飘然而去,也只为要"救出自己"。那戏中说:

(郝尔茂) 你就是这样抛弃你的最神圣的责任吗?

（娜拉） 你以为我的最神圣的责任是什么？

（郝） 还等我说吗？可不是你对于你的丈夫和你的儿女的责任吗？

（娜） 我还有别的责任同这些一样的神圣。

（郝） 没有的，你且说，那些责任是什么？

（娜） 是我对于我自己的责任。

（郝） 最要紧的，你是一个妻子，又是一个母亲。

（娜） 这种话我现在不相信了。我相信第一我是一个人正同你一样。——无论如何，我务必努力做一个人。（三幕）

一八八二年，易卜生有信给朋友道：

这样生活，须使各人自己充分发展——这是人类功业顶高的一层；这是我们大家都应该做的事。（《尺牍》第一六四页）

社会最大的罪恶莫过于摧折个人的个性，不使他自由发展。那本《雁》戏所写的只是一件摧残个人才性的惨剧。那戏写一个人少年时本极有高尚的志气，后来被一个恶人害得破家荡产，不能度日；那恶人又把他自己通奸有孕的下等女子配给他做妻子，从此家累日重一日，他的志气便日低一日。到了后来，他堕落深了，竟变成了一个懒人懦夫，天天受那下贱妇人和两个无赖的恭维，他洋洋得意地觉得这种生活可以终身了。所以那本戏借一个雁作比喻：那雁在半阁上关得久了，它从前那种高飞远举的志气全消灭了，居然把人家的半阁做它的极乐国了！

发展个人的个性，须要有两个条件：第一，须使个人有自由意志。第二，须使个人担干系，负责任。《娜拉》戏中写郝尔茂的最大错处只在他把娜拉当作"玩意儿"看待，既不许她有自由意志，又不许她担负家庭的责任，所以娜拉竟没有发展她自己个性的机会。所以娜拉一旦觉悟时，恨极她的丈夫，决意弃家远去，也正为这个缘故。易卜生又有一本戏，叫做《海上夫人》(The Lady from the Sea)，里面写一个女子哀梨妲①少年时嫁给人家做后母，她丈夫和前妻的两个女儿看她年纪轻，不让她管家务，只叫她过安闲日子。哀梨妲在家觉得做这种不自由的妻子，不负责任的后母，是极没趣的事。因此她天天想跟人到海外去过那海阔天空的生活。她丈夫越不许她自由，她偏越想自由。后来她丈夫知道留她不住，只得许她自由出去。她丈夫说道：

（丈夫）……我现在立刻和你毁约，现在你可以有完全自由捡定你自己的路子。……现在你可以自己决定，你有完全的自由，你自己担干系。

（哀梨妲）完全自由！还要自己担干系！还担干系咧！有这么一来，样样事都不同了。

哀梨妲有了自由又自己负责任了，忽然大变了，也不想那海上的生活了，决意不跟人走了(《海上夫人》第五幕)。这是为什么呢？因为世间只有奴隶的生活是不能自由选择的，是不用担干系的。个人若没有自由权，又不负责任，便和做奴隶一样，所以无论怎样好

---

① 后译"艾丽达"。

玩,无论怎样高兴,到底没有真正乐趣,到底不能发展个人的人格。所以哀梨妲说,有了完全自由,还要自己担干系,有这么一来,样样事都不同了。

家庭是如此,社会国家也是如此。自治的社会,共和的国家,只是要个人有自由选择之权,还要个人对于自己所行所为都负责任。若不如此,决不能造出自己独立的人格。社会国家没有自由独立的人格,如同酒里少了酒曲,面包里少了酵,人身上少了脑筋,那种社会国家绝没有改良进步的希望。

所以易卜生的一生目的只是要社会极力容忍,极力鼓励斯铎曼医生一流的人物(斯铎曼事见上文四节),要想社会上生出无数永不知足,永不满意,敢说老实话攻击社会腐败情形的"国民公敌",要想社会上有许多人都能像斯铎曼医生那样宣言道:"世上最强有力的人就是那个最孤立的人!"

社会国家是时刻变迁的,所以不能指定哪一种方法是救世的良药。十年前用补药,十年后或者须用泄药了;十年前用凉药,十年后或者须用热药了。况且各地的社会国家都不相同,适用于日本的药,未必完全适用于中国;适用于德国的药,未必适用于美国。只有康有为那种"圣人",还想用他们的"戊戌政策"来救中国;只有辜鸿铭那班怪物,还想用两千年前的"尊王大义"来施行于二十世纪的中国。易卜生是聪明人,他知道世上没有"包医百病"的仙方,也没有"施诸四海而皆准,推之百世而不悖"的真理。因此他对于社会的种种罪恶污秽,只开脉案,只说病状,却不肯下药。但他虽不肯下药,却到处告诉我们一个保卫社会健康的卫生良法。他仿佛说道:"人的身体全靠血里面有无量数的白血轮时时刻刻与人身的病菌开战,把一切病菌扑灭干净,方才可使身体健全,精神充足。社会国家的健康也全靠社会中有许多永不知足,永不满意,时刻与罪恶分子龌龊分子宣战的白血轮,方才有改良进步的希望。我们若要保卫社会的健康,须要使社会里时时刻刻有斯铎曼医生一般的白血轮分子。但使社会常有这种白血轮精神,社会绝没有不改良进步的道理。"

一八八三年,易卜生写信给朋友道:

> 十年之后,社会的多数人大概也会到了斯铎曼医生开公民大会时的见地了。但是这十年之中,斯铎曼自己也刻刻向前进,所以到了十年之后,他的见地仍旧比社会的多数人还高十年。即以我个人而论,我觉得时时刻刻总有进境。我从前每作一本戏时的主张,如今都已渐渐变成了多数人的主张。但是等到他们赶到那里时,我久已不在那里了。我又到别处去了。我希望我总是向前去了。(《尺牍》第一七二页)

1918 年 5 月 16 日作于北京
1921 年 4 月 26 日改稿

4. 贞操问题①

---

① 原载 1918 年 7 月 15 日《新青年》第 5 卷第 1 号。——编者

一

周作人先生所译的日本与谢野晶子的《贞操论》(《新青年》四卷五号),我读了很有感触。这个问题,在世界上受了几千年无意识的迷信,到近几十年中,方才有些西洋学者正式讨论这问题的真意义。文学家如易卜生的《群鬼》和 Thomas Hardy 的《苔丝》(*Tess*),都在讨论这个问题。如今家庭专制最厉害的日本居然也有这样大胆的议论!这是东方文明史上一件极可贺的事。

当周先生翻译这篇文字的时候,北京一家很有价值的报纸登出一篇恰相反的文章。这篇文章是海宁朱尔迈的《会葬唐烈妇记》(七月二十三四日北京《中华新报》)。上半篇写唐烈妇之死如下:

唐烈妇之死,所阅灰水,钱卤,投河,雉经者五,前后绝食者三;又益之以砒霜,则其亲试乎杀人之方者凡九。自除夕上溯其夫亡之夕,凡九十有八日。夫以九死之惨毒,又历九十八日之长,非所称百挫千折有进而无退者乎?

下文又借出一件"俞氏女守节"的事来替唐烈妇作陪衬:

> 女年十九,受海盐张氏聘,未于归,夫夭,女即绝食七日。家人劝之力,始进糜曰:"吾即生,必至张氏,宁服丧三年,然后归报地下。"

最妙的是朱尔迈的论断:

> 嗟乎,俞氏女盖闻烈妇之风而兴起者乎?……俞氏女果能死于绝食七日之内,岂不甚幸?乃为家人阻之,俞氏女亦以三年为己任。余正恐三年之间,凡一千八十日有奇,非如烈妇之九十八日也。且绝食之后,其家人防之者百端……虽有死之志,而无死之间,可奈何?烈妇倘能阴相之以成其节,风化所关,犹欤盛矣!

这种议论简直是全无心肝的贞操论。俞氏女还不曾出嫁,不过因为信了那种荒谬的贞操迷信,想做那"青史上留名的事",所以绝食寻死,想做烈女。这位朱先生要维持风化,所以忍心巴望哪位烈妇的英灵来帮助俞氏女赶快死了,"岂不甚幸"!这种议论可算得贞操迷信的极端代表。《儒林外史》里面的王玉辉看他女儿殉夫死了,不但不哀痛,反仰天大笑道:"死得好!死得好!"(五十二回)王玉辉的女儿殉已嫁之夫,尚在情理之中。王玉辉自己"生这女儿为伦纪生色",他看他女儿死了反觉高兴,已不在情理之中了。至于这位朱先生巴望别人家的女儿替他未婚夫做烈女,说出那种"猗欤盛哉"的全无心肝的话,可不是贞操迷信的极端代表吗?

贞操问题之中,第一无道理的,便是这个替未婚夫守节和殉烈的风俗。在文明国里,男女用自由意志,由高尚的恋爱,订了婚约,有时男的或女的不幸死了,剩下的那一个因为生时爱情太深,故情愿不再婚嫁。这是合情理的事。若在婚姻不自由之国,男女订婚以后,女的还不知男的面长面短,有何情爱可言?不料竟有一种陋儒,用"青史上留名的事"来鼓励无知女儿做烈女,"为伦纪生色""风化所关,猗欤盛矣"!我以为我们今日若要作具体的贞操论,第一步就该反对这种忍心害理的烈女论,要渐渐养成一种舆论,不但永不把这种行为看作"猗欤盛矣"可旌表褒扬的事,还要公认这是不合人情,不合天理的罪恶。还要公认劝人做烈女,罪等于故意杀人。

这不过是贞操问题的一方面。这个问题的真相,已经与谢野晶子说得很明白了。他提出几个疑问,内中有一条是:"贞操是否单是女子必要的道德,还是男女都必要的呢?"这个疑问,在中国更为重要。中国的男子要他们的妻子替他们守贞守节,他们自己却公然嫖妓,公然纳妾,公然"吊膀子"。再嫁的妇人在社会上几乎没有社交的资格;再婚的男子,多妻的男子,却一毫不损失他们的身份,这不是最不平等的事吗?怪不得古人要请"周婆制礼"来补救"周公制礼"的不平等了。

我不是说,因为男子嫖妓,女子便该偷汉;也不是说,因为老爷有姨太太,太太便该有姨老爷。我说的是,男子嫖妓,与妇人偷汉,犯的是同等的罪恶;老爷纳妾,与太太偷人,犯的也是同等的罪恶。

为什么呢?因为贞操不是个人的事,乃是人对人的事;不是一方面的事,乃是双方面的事。女子尊重男子的爱情,心思专一,不肯再爱别人,这就是贞操。贞操是一个"人"对另一个"人"的一种态度。因为如此,男子对于女子,也该有同等的态度,若男子不能照样还敬,他就是不配受这种贞操的待遇。这并不是外国进口的妖言,这乃是孔丘说的"己所不欲,勿施于人"。孔丘说:

> 君子之道四,丘未能一焉。所求乎子以事父,未能也;所求乎臣以事君,未能也;所求乎弟以事兄,未能也;所求乎朋友,先施之,未能也。

孔丘五伦之中,只说了四伦,未免有点欠缺。他理该加上一句道:

> 所求乎吾妇,先施之,未能也。

这才是大公无私的圣人之道!

二

我这篇文字刚才做完,又在上海报上看见陈烈女殉夫的事。今先记此事大略如下:

> 陈烈女名宛珍,绍兴县人,三世居上海。年十七,字王远甫之子菁士。菁士于本年三月二十三日病死,年十八岁。陈女

闻死耗,即沐浴更衣,潜自仰药。其家人觉察,仓皇施救,已无及。女乃泫然曰:"儿志早决。生虽未获见夫,殁或相从地下……"言讫,遂死,死时距其未婚夫之死仅三时而已。(此据上海绍兴同乡会所出征文启)

过了两天,又见上海县知事呈江苏省长请予褒扬的呈文中说:

呈为陈烈女行实可风,造册具书证明,请予按例褒扬事。……(事实略)……兹据呈称……并开具事实,附送褒扬费银六元前来。……知事复查无异。除先给予"贞烈可风"匾额,以资旌表外,谨援褒扬条例……之规定,造具清册,并附证明书,连同褒扬费,一并备文呈送,仰祈鉴核,俯赐咨行内务部将陈烈女按例褒扬,实为德便。

我读了这篇呈文,方才知道我们中华民国居然还有什么褒扬条例。于是我把那些条例寻来一看,只见第一条九种可褒扬的行谊的第二款便是"妇女节烈贞操可以风世者";第七款是"著述书籍,制造器用,于学术技艺或发明或改良之功者";第九款是"年逾百岁者"!一个人偶然活到了一百岁,居然也可以与学术技艺上的著作发明享受同等的褒扬!这已是不伦不类可笑得很了。再看那条例施行细则解释第一条第二款的"妇女节烈贞操可以风行世者"如下:

第二条:褒扬条例第一条第二款所称之"节"妇,其守节年限自三十岁以前守节至五十岁以后者。但年未五十而身故,其守节已及六年者同。

第三条:同条款所称之"烈"妇"烈"女,凡遇强暴不从致死,或羞忿自尽,及夫亡殉节者,属之。

第四条:同条款所称之"贞"女,守贞年限与节妇同。其在夫家守贞身故,及未符年例而身故者,亦属之。

以上各条乃是中国贞操问题的中心点。第二条褒扬"自三十岁以前守节至五十岁以后"的节妇,是中国法律明明认三十岁以下的寡妇不该再嫁,再嫁为不道德。第三条褒扬"夫亡殉节"的烈妇烈女,是中国法律明明鼓励妇人自杀以殉夫,明明鼓励未嫁女子自杀以殉未嫁之夫。第四条褒扬未嫁女子替未婚亡夫守贞二十年以上,是中国法律明明说未嫁而丧夫的女子不该再嫁人,再嫁便是不道德。

这是中国法律对于贞操问题的规定。

依我个人的意思看来,这三种规定都没有成立的理由。

第一,寡妇再嫁问题。这全是一个个人问题。妇人若是对她已死的丈夫真有割不断的情义,她自己不忍再嫁;或是已有了孩子,不肯再嫁;或是年纪已大,不能再嫁;或是家道殷实,不愁衣食,不必再嫁——妇人处于这种境地,自然守节不嫁。还有一些妇人,对她丈夫,或有怨心,或无恩意;年纪又轻,不肯抛弃人生正当的家庭快乐;或是没有儿女,家又贫苦,不能度日;——妇人处于这种境遇没有守节的理由,为个人计,为社会计,为人道计,都该劝她改嫁。贞操乃是夫妇相待的一种态度。夫妇之间爱情深了,恩谊厚了,无论谁生谁死,无论生时死后,都不忍把这爱情移于别人,这便是贞操。夫妻之间若没有爱情恩意,即没有贞操可说。若不问夫妇之间有无可以永久不变的爱情,若不问做丈夫的配不配受他妻子的贞操,只晓得主张做妻子的总该替她丈夫守节,这是一偏的贞操论,这是不合人情公理的伦理。再者,贞操的道德,"照各人境遇体质的不同,有时能守,有时不能守;在甲能守,在乙不能守"。(用与谢野晶子的话)若不问个人的境遇体质,只晓得说"忠臣不事二君,烈女不更二夫",只晓得说"饿死事极小,失节事极大"(用程子语),这是忍心害理,男子专制的贞操论。以上所说,大旨只要指出寡妇应否再嫁全是个人问题,有个人恩情上,体质上,家计上种种不同的理由,不可偏于一方面主张不近情理的守节。因为如此,故我极端反对国家用法律的规定来褒扬守节不嫁的寡妇。褒扬守节的寡妇,即是说寡妇再嫁为不道德,即是主张一偏的贞操论。法律既不能断定寡妇再嫁为不道德,即不该褒扬不嫁的寡妇。

第二,烈妇殉夫问题。寡妇守节最正当的理由是夫妇间的爱情。妇人殉夫最正当的理由也是夫妇间的爱情。爱情深了,生离尚且不能堪,何况死别?再加以宗教的迷信,以为死后可以夫妇团圆。因此有许多妇人,夫死之后,情愿杀身从夫于地下。这个不属于贞操问题。但我以为无论如何,这也是个人恩爱问题,应由个人自由意志去决定。无论如何,法律总不该正式褒扬妇人自杀殉夫的举动。一来呢,殉夫既由于个人的恩爱,何须用法律来褒扬鼓励?二来呢,殉夫若由于死后团圆的迷信,更不该有法律的褒扬了。三来呢,若用法律来褒扬殉夫的烈妇,有一些好名的妇人,便要借此博一个"青史留名",是法律的褒扬反发生一种沽名钓誉,作伪不诚的行为了!

第三,贞女烈女问题。未嫁而夫死的女子,守贞不嫁的,是"贞女";杀身殉夫的,是"烈女"。我上文说过,夫妇之间若没有恩爱,即没有贞操可说。依此看来,那未嫁的女子,对于她丈夫有何恩爱?既无恩爱,更有何贞操可守?我说到这里,有个朋友驳我道:"这话别人说了还可,胡适之可不该说这话。为什么呢?你自己曾做过一首诗,诗里有一段道:

> 我不认得他,他不认得我,我却常念他,这是为什么?
> 岂不因我们,分定常相亲?由分生情意,所以非路人。
> 海外土生子,生不识故里,终有故乡情,其理亦如此。

依你这诗的理论看来,岂不是已订婚而未嫁娶的男女因为名分已定,也会有一种情意。既有了情意,自然发生贞操问题。你于今又说未婚嫁的男女没有恩爱,故也没有贞操可说,可不是自相矛盾吗?"

我听了这番驳论,几乎开口不得。想了一想,我才回答道:我那首诗所说名分上发生的情意,自然是有的;若没有那种名分上的情意,中国的旧式婚姻决不能存在。如旧日女子听人说她未婚夫的事,即面红害羞,即留神注意,可见她对她未婚夫实有这种名分上所发生的情谊。但这种情谊完全属于理想的。这种理想的情谊往往因实际上的反证,遂完全消灭。如女子悬想一个可爱的丈夫,及到嫁时,只见一个极下流不堪的男子,她如何能坚持那从前理想中的情谊呢？我承认名分可以发生一种情谊，我并且希望一切名分都能发生相当的情谊。但这种理想的情谊，依我看来实在不够发生终身不嫁的贞操，更不够投身杀身殉夫的节烈。即使我更让一步，承认中国有些女子，例如吴趼人《恨海》里那个浪子的聘妻，深中了圣贤经传的毒，由名分上真能生出极浓挚的情谊，无论她未婚夫如何淫荡，人格如何堕落，依旧贞一不变。试问我们在这个文明时代，是否应该赞成提倡这种盲从的贞操？这种盲从的贞操，只值得一句"其愚不可及也"的评论，却不值得法律的褒扬。法律既许未嫁的女子夫死再嫁，便不该褒扬处女守贞。至于法律褒扬无辜女子自杀以殉不曾见面的丈夫，那更是男子专制时代的风俗，不该存在于现今的世界。

总而言之，我对于中国人的贞操问题，有三层意见。

第一，这个问题，从前的人都看作"天经地义"，一味盲从，全不研究"贞操"两字究竟有何意义。我们生在今日，无论提倡何种道德，总该想想那种道德的真意义是什么。《墨子》说得好：

> 子墨子问于儒者曰："何故为乐？"曰："乐以为乐也。"子墨子曰："子未我应也。今我问曰：'何故为室？'曰：'冬避寒焉，夏避暑焉，室以为男女之别也，'则子告我为室之故矣。今我问曰：'何故为乐？'曰：'乐以为乐也'。是犹曰：'何故为室？曰：'室以为室也。'"（《公孟》篇）

今试问人"贞操是什么？"或"为什么你褒扬贞操？"他一定回答道："贞操就是贞操。我因为这是贞操，故褒扬它。"这种"室以为室也"的论理,便是今日道德思想宣告破产的证据。故我做这篇文字的第一个主意只是要大家知道"贞操"这个问题并不是"天经地义",是可以彻底研究,可以反复讨论的。

第二,我以为贞操是男女相待的一种态度,乃是双方交互的道德,不是偏于女子一方面的。由这个前提,便生出几条引申的意见:(一)男子对于女子,丈夫对于妻子,也应有贞操的态度;(二)男子做不贞操的行为,如嫖妓娶妾之类,社会上应该用对待不贞妇女的态度对待他;(三)妇女对于无贞操的丈夫,没有守贞操的责任;(四)社会法律既不认嫖妓纳妾为不道德,便不该褒扬女子的"节烈贞操"。

第三,我绝对的反对褒扬贞操的法律。我的理由是:(一)贞操既是个人男女双方对待的一种态度,诚意的贞操是完全自动的道德,不容有外部的干涉,不须有法律的提倡;(二)若用法律的褒扬为提倡贞操的方法,势必至造成许多沽名钓誉、不诚实、无意识的贞操举动;(三)在现代社会,许多贞操问题,如寡妇再嫁,处女守贞,等等问题的是非得失,却都还有讨论余地,法律不当以武断的态度制定褒贬的规条;(四)法律既不奖励男子的贞操,又不惩男子的不贞操,便不该单独提倡女子的贞操;(五)以近世人道主义的眼光看来,褒扬烈妇烈女杀身殉夫,都是野蛮残忍的法律,这种法律在今日没有存在的地位。

民国七年七月

5. 美国的妇人①

---

① 原载 1918 年 9 月 15 日《新青年》第五卷第 3 号。——编者

去年冬季,我的朋友陶孟和先生请我吃晚饭。席上的远客,是一位美国女子,代表几家报馆,去到俄国做特别调查员的。同席的是一对英国夫妇和两对中国夫妇,我在这个"中西男女合璧"的席上,心中发生一个比较的观察。那两位中国妇人和那位英国妇人,比了那位美国女士,学问上,知识上,不见得有什么大区别。但我总觉得那位美国女子和她们绝不相同。我便问我自己道,她和她们不相同之处在哪一点呢?依我看来,这个不同之点,在于她们的"人生观"有根本的差别。那三位夫人的"人生观"是一种"良妻贤母"的人生观。这位美国女子的,是一种"超于良妻贤母"的人生观。我在席上,估量这位女子,大概不过三十岁上下,却带着一种苍老的状态,倔强的精神。她的一言一动,似乎都表示这种"超于良妻贤母的人生观";似乎都会说道:"做一个良妻贤母,何尝不好?但我是堂堂的一个人,有许多该尽的责任,有许多可做的事业。何必定须做人家的良妻贤母,才算尽我的天职,才算做我的事业呢?"这就是"超于良妻贤母"的人生观。我看这一个女子单身走几万里的路,不怕辛苦,不怕危险,要想到大乱的俄国去调查俄国革命后内乱的实在情形。这种精神,便是那"超于良妻贤母"的人生观的一种表示;便是美国妇女精神的一种代表。

这种"超于良妻贤母的人生观",换言之,便是"自立"的观念。我并不说美国的妇人个个都不屑做良妻贤母;也并不说她们个个都想去俄国调查革命情形。我但说依我所观察,美国的妇女,无论在何等境遇,无论做何等事业,无论已嫁未嫁,大概都存一个"自立"的心。别国的妇女大概以"良妻贤母"为目的,美国的妇女大概以"自立"为目的。"自立"的意义,只是要发展个人的才性,可以不倚赖别人,自己能独立生活,自己能替社会做事。中国古代传下来的心理,以为"妇人主中馈";"男子治外,女子主内";妇人称丈夫为"外子",丈夫称妻子为"内助"。这种区别,是现代美国妇女所绝对不承认的。她们以为男女同是"人类",都该努力做一个自由独立的"人",没有什么内外的区别的。

……

我们常听见人说美国离婚的案怎样多,便推想到美国的风俗怎样不好。其实错了。第一,美国的离婚人数,约占男人全数千分之三,女子全数千分之四。这并不算过多。第二,须知离婚有几等几样的离婚,不可一笔抹杀。如中国近年的新进官僚,休了无过犯的妻子,好去娶国务总理的女儿。这种离婚,是该骂的。又如近来的留学生,吸了一点文明空气,回国后第一件事便是离婚,即不想自己的文明空气是机会送来的,是多少金钱买来的;他的妻子要是有了这种好机会,也会吸点文明空气,不至于受他的奚落了!这种不近人情的离婚,也是该骂的。美国的离婚,虽然也有些该骂的,但大多数都有可以原谅的理由。因为美国的结婚,总算是自由结婚;而自由结婚的根本观念就是要夫妇相敬相爱,先有精神上的契合,然后可以有形体上的结婚。不料结婚之后,方才发现从前的错误,方才知道他两人决不能有精神上的爱情。既不能有精神上的爱情,若还依旧同居,不但违背自由结婚的原理,并且必至于堕落各人的人格,绝没有良好的结果,更没有家庭幸福可说了。所以离婚案之多,未必全由于风俗的败坏,也未必不由于个人人格的尊贵。我们观风问俗的人,不可把我们的眼光,胡乱批评别国礼俗。

……

如今所讲美国妇女特别精神,只在她们的自立心,只在她们那种"超于良妻贤母人生观"。这种观念是我们中国妇女所最缺乏的观念。我们中国的姊妹们若能把这种"自立"的精神来补助我们的"倚赖"性质,若能把那种"超于良妻贤母人生观"来补助我们的"良妻贤母"观念,定可使中国女界有一点"新鲜空气",定可使中国产出一些真能"自立"的女子。这种"自立"的精神,带有一种传染的性质。女子"自立"的精神,格外带有传染的性质。将来这种"自立"的风气,像那传染鼠疫的微生物一般,越传越远,渐渐的造成无数"自立"的男女,人人都觉得自己是堂堂的一个"人",有该尽的义务,有可做的事业。有了这些"自立"的男女,自然产生良善的社会。良善的社会绝不是如今这些互相倚赖,不能"自立"的男女所能造成的。所以我所说那种"自立"精神,初看去,似乎完全是极端的个人主义,其实是善良社会绝不可少的条件。这就是我提出这个问题的微意了。

6. 不朽

——我的宗教[①]

[①] 原载 1919 年 2 月 15 日《新青年》第六卷第 2 号。——编者

不朽有种种说法，但是总括看来，只有两种说法是真有区别的。一种是把"不朽"解作灵魂不灭的意思。一种就是《春秋·左传》上说的"三不朽"。

（一）神不灭论。宗教家往往说灵魂不灭，死后须受末日的裁判：做好事的享受天国天堂的快乐，做恶事的要受地狱的苦痛。这种说法，几千年来不但受了无数愚夫愚妇的迷信，居然还受了许多学者的信仰。但是古往今来也有许多学者对于灵魂是否可离形体而存在的问题，不能不发生疑问。最重要的如南北朝人范缜的《神灭论》说："形者神之质，神者形之用……神之于质，犹利之于刀；形之于用，犹刀之于利。……舍利无刀，舍刀无利。未闻刀没而利存，岂容形亡而神在？"宋朝的司马光也说："形既朽灭，神亦飘散，虽有锉烧舂磨，亦无所施。"但是司马光说的"形既朽灭，神亦飘散"，还不免把形与神看作两件事，不如范缜说的更透彻。范缜说人的神灵即是形体的作用，形体便是神灵的形质。正如刀子是形质，刀子的利钝是作用；有刀子方才有利钝，没有刀子便没有利钝。人有形体方才有作用，这个作用，我们叫做"灵魂"。若没有形体，便没有作用了，便没有灵魂了。范缜这篇《神灭论》出来的时候，惹起了无数人的反对，梁武帝叫了七十几个名士作论驳他，都没有什么真有价值的议论。其中只有沈约的"难神灭论"说："利若遍施四方，则利体无处复立；利之为用正存一边毫毛处耳。神之与形，举体若合，又安得同乎？若以此譬为尽耶，则不尽；若谓本不尽耶，则不可以为譬也。"这一段是说刀是无机体，人是有机体，故不能彼此相比。这话固然有理，但终不能推翻"神者形之用"的议论。近世唯物派的学者也说人的灵魂并不是什么无形体，独立存在的物事，不过是神经作用的总名。灵魂的种种作用都即是脑部各部分的机能作用，若有某部被损伤，某种作用即时废止。人年幼时，脑部不曾完全发达，神灵作用也不能完全，老年人脑部渐渐衰耗，神灵作用也渐渐衰耗。这种议论的大旨，与范缜所说"神者形之用"正相同。但是有许多人总舍不得把灵魂打消了，所以咬住说灵魂另是一种神秘玄妙的物事，并不是神经的作用。这个"神秘玄妙"的物事究竟是什么，他们也说不出来，只觉得总应该有这么一件物事。既是"神秘玄妙"，自然不能用科学试验来证明他，也不能用科学试验来驳倒他。既然如此，我们只好用实验主义（Pragmatism）的方法，看这种学说的实际效果如何，以为评判的标准。依此标准看来，信神不灭论的固然也有好人，信神灭论的也未必全是坏人。即如司马光、范缜、赫胥黎一类的人,说不信灵魂不灭的话,何尝没有高尚的道德?更进一层说,有些人因为迷信天堂,天国,地狱,末日裁判,方才修德行善,这种修行全是自私自利的,也算不得真正道德。总而言之,灵魂灭不灭的问题,于人生行为上实在没有什么重大影响。既没有实际的影响,简直可说是不成问题了。

(二)三不朽说。《左传》说的三种不朽是:立德的不朽,立功的不朽,立言的不朽。"德"便是个人人格的价值,像墨翟、耶稣一类的人,一生刻意孤行,精诚勇猛,使当时的人敬爱信仰,使千百年后的人想念崇拜。这便是立德的不朽。"功"便是事业,像哥伦布发现美洲,像华盛顿造成美洲共和国,替当时的人开一新天地,替历史开一新纪元,替天下后世的人种下无量幸福的种子。这便是立功的不朽。"言"便是语言著作,像那《诗经》三百篇的许多无名诗人,又像陶潜、杜甫、莎士比亚、易卜生一类的文学家,又像柏拉图、卢梭、弥儿一类的文学家,又像牛顿、达尔文一类的科学家,或是做了几首好诗使千百年后的人欢喜感叹,或是做了几本好戏使当时的人鼓舞感动,使后世的人发奋兴起,或是创出一种新哲学,或是发明了一种新学说,或在当时发生思想的革命,或在后世影响无穷。这便是立言的不朽。总而言之,这种不朽说,不问人死后灵魂能不能存在,只问他的人格,他的事业,他的著作有没有永远存在的价值。即如基督教徒说耶稣是上帝的儿子,他的神灵永远存在,我们正不用驳这种无凭据的神话,只说耶稣的人格、事业和教训都可以不朽,又何必说那些无谓的神话呢？又如孔教会的人每到了孔丘的生日，一定要举行祭孔的典礼，还有些人学那"朝山进香"的法子，要赶到曲阜孔林去对孔丘的神灵表示敬意！其实孔丘的不朽全在他的人格与教训，不在他那"在天之灵"。大总统多行两次丁祭，孔教会多走两次"朝山进香"，就可以使孔丘格外不朽了吗？更进一步说，像那《三百篇》里的诗人，也没有姓名，也没有事实，但是他们都可说是立言的不朽。为什么呢？因为不朽全靠一个人的真价值，并不靠姓名事实的流传，也不靠灵魂的存在。试看古往今来的多少大发明家，那发明火的，发明养蚕的，发明缫丝的，发明织布的，发明水库的，发明舂米的水碓的，发明规矩的，发明秤的……虽然姓名不传，事实湮没，但他们的功业永远存在，他们也就都不朽了。这种不朽比那个人的小小灵魂的存在，可不是更可宝贵，更可羡慕吗？况且那灵魂的有无还在不可知之中，这三种不朽——德、功、言——可是实在的。这三种不朽可不是比那灵魂的不灭更靠得住吗？

  以上两种不朽论，依我个人看来，不消说得，那"三不朽说"是比那"神不灭说"好得多了。但是那"三不朽说"还有三层缺点，不可不知。第一，照平常的解说看来，那些真能不朽的人只不过那极少数有道德、有功业、有著述的人。还有那无量平常人难道就没有不朽的希望吗？世界上能有几个墨翟、耶稣，几个哥伦布、华盛顿，几个杜甫、陶潜，几个牛顿、达尔文呢？这岂不成了一种"寡头"的不朽论吗？第二，这种不朽论单从积极一方面着想，但没有消极的裁制。那种灵魂的不朽论既说有天国的快乐，又说有地狱的苦楚，是积极消极两方面都顾着的。如今单说立德可以不朽,不立德又怎样呢?立功可以不朽,有罪恶又怎样呢?第三,这种不朽论所说的"德、功、言"三件,范围都很含糊。究竟怎样的人格方才可算是"德"呢?怎样的事业方才可算是"功"呢?怎样的著作方才可算是"言"呢?我且举一个例。哥伦布发现美洲固然可算得立了不朽之功,但是他船上的水手火头又怎样呢?他那只船的造船工人又怎样呢?他船上用的罗盘器械的制造工人又怎样呢?他所读的书的著作者又怎样呢?……举这一条例,已可见"三不朽"的界限含糊不清了。

因为要补足这三层缺点,所以我想提出第三种不朽论来请大家讨论。我一时想不起别的好名字,姑且称他做"社会的不朽论"。

(三)社会的不朽论。社会的生命,无论是看纵剖面,是看横截面,都像一种有机的组织。从纵剖面看来,社会的历史是不断的:前人影响后人,后人又影响更后人,没有我们的祖宗和那无数的古人,又哪里有今日的我和你?没有今日的我和你,又哪里有将来的后人?没有那无量数的个人,便没有历史,但是没有历史,那无数的个人也绝不是那个样子的个人。总而言之,个人造成历史,历史造成个人。从横截面看来,社会的生活是交互影响的:个人造成社会,社会造成个人;社会的生活全靠个人分工合作的生活,但个人的生活,无论如何不同,都脱不了社会的影响;若没有那样这样的社会,决不会有这样那样的我和你,若没有无数的我和你,社会也绝不是这个样子。来勃尼慈(Leibnitz)说得好:

这个世界乃是一片大充实(Plenum,为真空 Vacuum 之对),其中一切物质都是接连着的。一个大充实里面有一点变动,全部的物质都要受影响,影响的程度与物体距离的远近成正比例。世界也是如此。每一个人不但直接受他身边亲近的人的影响,并且间接又间接地受距离很远的人的影响。所以世间的交互影响,无论距离远近,都受得着的。所以世界上的人,每人受着全世界一切动作的影响。如果他有周知万物的智慧,他可以在每人的身上看出世间一切施为,无论过去未来都可看得出,在这一个现在里面便有无穷时间空间的影子。(见 *Monadology* 第六十一节)

从这个交互影响的社会观和世界观上面,便生出我所说的"社会的不朽论"来。我这"社会的不朽论"的大旨是:

我这个"小我"不是独立存在的,是和无量数小我有直接或间接的交互关系的,是和社会的全体和世界的全体都有互为影响的关系的,是和社会世界的过去和未来都有因果关系的。种种从前的因,种种现在无数"小我"和无数他种势力所造成的因,都成了我这个"小我"的一部分。我这个"小我",加上了种种从前的因,又加上了种种现在的因,传递下去,又要造成无数将来的"小我"。这种种过去的"小我",和种种现在的"小我",和种种将来无穷的"小我",一代传一代,一点加一滴,一线相传,连绵不断,一水奔流,滔滔不绝——这便是一个"大我"。"小我"是会消灭的,"大我"是永远不灭的。"小我"是有死的,"大我"是永远不死,永远不朽的。"小我"虽然会死,但是每一个"小我"的一切作为,一切功德罪恶,一切语言行事,无论大小,无论是非,无论善恶,——都永远留存在那个"大我"之中。那个"大我",便是古往今来一切"小我"的记功碑,彰善祠,罪状判决书,孝子慈孙百世不能改的恶谥法。这个"大我"是永远不朽的,故一切"小我"的事业,人格,一举一动,一言一笑,一个念头,一场功劳,一桩罪过,也都永远不朽。这便是社会的不朽,"大我"的不朽。

那边"一座低低的土墙,遮着一个弹三弦的人"。那三弦的声浪,在空间起了无数波澜。那被冲动的空气质点,直接间接冲动无数旁的空气质点。这种波澜,由近而远,至于无穷空间;由现在而将来,由此刹那以至于无量刹那,至于无穷时间——这已是不灭不朽了。那时间,那"低低的土墙"外边来了一位诗人,听见那三弦的声音,忽然起了一个念头,由这一个念头,就成了一首好诗。这首好诗传诵了许多,人人读了这诗,各起种种念头,由这种种念头,更发生无量数的念头,更发生无数的动作,以至于无穷。然而那"低低的土墙"里面那个弹三弦的人又如何知道他所产生的影响呢?

一个生肺病的人在路上偶然吐了一口痰。那口痰被太阳晒干了,化为微尘,被风吹起空中,东西飘散,渐吹渐远,至于无穷时间,至于无穷空间。偶然一部分的病菌被体弱的人呼吸进去,便发生肺病,由他一身传染一家,更由一家传染无数人家。如此辗转传染,至于无穷空间,至于无穷时间。然而那先前吐痰的人的骨头早已腐烂了,他又如何知道他所种的恶果呢?

一千五六百年前有一个人叫范缜说了几句话道:"神之于形,犹利之于刀。未闻刀没而利存,岂容形亡而神在?"这几句话在当时受了无数人的攻击。到了宋朝有个司马光把这几句话记在他的《资治通鉴》里。一千五六百年之后,有一个十一岁的小孩子——就是我——看到这几句话,心里受了一大感动,后来便影响了他半生的思想行事。然而那说话的范缜早已死了一千五百年了!

二千六七百年前,在印度地方有一个穷人病死了,没人收尸,尸首暴露在路上,已腐烂了。那边来了一辆车,车上坐着一个王太子,看见了这个腐烂发臭的死人,心中起了一念,由这一念,辗转发生无数念。后来那位王太子把王位也抛了,富贵也抛了,父母妻子也抛了,独自去寻思一个解脱生老病死的方法。后来这位王子便成了一个教主,创了一种哲学的宗教,感化了无数人。他的影响势力至今还在,将来即使他的宗教全灭了,他的影响势力终久还存在,以至于无穷。这可是那腐烂发臭的路毙所曾梦想到的吗?

以上不过是略举几件事,说明上文说的"社会的不朽","大我的不朽"。这种不朽论,总而言之,只是说个人的一切功德罪恶,一切言语行事,无论大小好坏,一一都留下一些影响在那个"大我"之中,一一都与这永远不朽的"大我"一同永远不朽。

上文我批评那"三不朽论"的三层缺点:(一)只限于极少数的人;(二)没有消极的裁制;(三)所说"功、德、言"的范围太含糊了。如今所说"社会的不朽",其实只是把那"三不朽论"的范围更推广了。既然不论事业功德的大小,一切都可不朽,那第一第三两层短处都没有了。冠绝古今的道德功业固可以不朽,那极平常的"庸言庸行",油盐柴米的琐屑,愚夫愚妇的细事,一言一笑的微细,也都永远不朽。那发现美洲的哥伦布固可以不朽,那些和他同行的水手火头,造船的工人,造罗盘器械的工人,供给他粮食衣服银钱的人,他所读的书的著作家,生他的父母,生他父母的父母祖宗,以及生育训练那些工人商人的父母祖宗,以及他以前和同时的社会……都永远不朽。社会是有机的组织,那英雄伟人可以不朽,那挑水的,烧饭的,甚至于浴堂里替你擦背的,甚至于每天替你家掏粪倒马桶的,也都永远不朽。至于那第二层缺点,也可免去。如今说立德不朽,行恶也不朽;立功不朽,犯罪也不朽;流芳百世不朽,遗臭万年也不朽。功德盖世固是不朽的善因,吐一口痰也有不朽的恶果。我的朋友李守常先生说得好:"稍一失脚,必致遗留层层罪恶种子于未来无量的人——即未来无量的我——永不能消除,永不能忏悔。"这就是消极的裁制了。

中国儒家的宗教提出一个父母的观念和一个祖先的观念,来做人生一切行为的裁制力。所以说,"一出言而不敢忘父母,一举足而不敢忘父母"。父母死后,又用丧礼祭礼等等见神见鬼的方法,时刻提醒这种人生行为的裁制力。所以又说,"斋明盛服,以承祭祀,洋洋乎如在其上,如在其左右"。又说,"斋三日,则见其所为斋者;祭之日,入室,僾然必有见乎其位;周还出户,肃然必有闻乎其容声;出户而听,忾然必有闻乎其叹息之声"。这都是"神道设教",见神见鬼的手段。这种宗教的手段在今日是不中用了。还有那种"默示"的宗教,神权的宗教,崇拜偶像的宗教,在我们心里也不能发生效力,不

能裁制我们一生的行为。以我个人看来,这种"社会的不朽"观念很可以做我的宗教了。我的宗教的教旨是:

我这个现在的"小我",对于那永远不朽的"大我"的无穷过去,须负重大的责任;对于那永远不朽的"大我"的无穷未来,也须负重大的责任。我须要时时想着,我应该如何努力利用现在的"小我",方才可以不辜负了那"大我"的无穷过去,方才可以不贻害那"大我"的无穷未来?

(跋)这篇文章的主意是民国七年年底当我的母亲丧事里想到的。那时只写成一部分,到八年二月十九日方才写定付印。后来俞颂华先生在报纸上指出我论社会是有机体一段很有语病,我觉得他的批评很有理,故九年二月间我用英文发表这篇文章时,我就把那一段完全改过了。十年五月,又改定中文原稿,并记作文与修改的缘起于此。

7. 少年中国之精神①

---

① 本文作于 1919 年 3 月 22 日,是胡适在少年中国学会筹备会上的讲演。载 1919 年《少年中国》第一期。——编者

上回太炎先生谈话里面说现在青年的四种弱点,都是很可使我们反省的。他的意思是要我们少年人:(一) 不要把事情看得太容易了;(二) 不要妄想凭借已成的势力;(三) 不要虚慕文明;(四) 不要好高骛远。这四条都是消极的忠告。我现在且从积极一方面提出几个观念,和各位同志商酌。

　　一、少年中国的逻辑。逻辑即是思想、辩论、办事的方法。一般中国人现在最缺乏的就是一种正当的方法;因为方法缺乏,所以有下列的几种现象:(1) 灵异鬼怪的迷信,如上海的盛德坛及各地的各种迷信;(2) 谩骂无理的议论;(3) 用诗云子曰作根据的议论;(4) 把西洋古人当作无上真理的议论;还有一种平常人不很注意的怪状,我且称他为"目的热",就是迷信一些空虚的大话,认为高尚的目的,全不问这种观念的意义究竟如何,今天有人说"我主张统一和平",大家齐声喝彩,就请他做内阁总理,明天又有人说"我主张和平统一",大家又齐声叫好,就举他做大总统,此外还有什么"爱国"哪,"护法"哪,"孔教"哪,"卫道"哪……许多空虚的名词,意义不曾确定,也都有许多人随声附和,认为天经地义,这便是我所说的"目的热"。以上所说各种现象都是缺乏方法的表示。我们既然自认为"少年中国",不可不有一种新方法,这种新方法,应该是科学的方法。科学方法,不是我在这短促时间里所能详细讨论的,我且略说科学方法的要点:

第一注重事实。科学方法是用事实作起点的,不要问孔子怎么说,柏拉图怎么说,康德怎么说,我们须要先从研究事实下手,凡游历调查统计等事都属于此项。

第二注重假设。单研究事实,算不得科学方法。王阳明对着庭前的竹子做了七天的"格物"工夫,格不出什么道理来,反病倒了,这是笨伯的"格物"方法;科学家最重"假设"(hypothesis)。观察事物之后,自说有几个假定的意思,我们应该把每一个假设所涵的意义彻底想出,看那意义是否可以解释所观察的事实,是否可以解决所遇的疑难。所以要博学;正是因为博学方才可以有许多假设,学问只是供给我们种种假设的来源。

第三注重证实。许多假设之中,我们挑出一个,认为最合用的假设;但是这个假设是否真正合用?必须实地证明,有时候,证实是很容易的;有时候,必须用"试验"方才可以证实,证实了的假设,方可说是"真"的,方才可用,一切古人今人的主张、东哲西哲的学说,若不曾经过这一层证实的工夫,只可作为待证的假设,不配认作真理。

少年的中国,中国的少年,不可不时时刻刻保存这种科学的方法,实验的态度。

二、少年中国的人生观。现在中国有几种人生观都是"少年中国"的仇敌:第一种是醉生梦死的无意识生活,固然不消说了;第二种是退缩的人生观,如静坐会的人,如坐禅学佛的人,都只是消极的缩头主义,这些人没有生活的胆子,不敢冒险,只求平安,所以变成一班退缩懦夫;第三种是野心的投机主义,这种人虽不退缩,但为完全自己的私利起见,所以他们不惜利用他人,作他们自己的器具,不惜牺牲别人的人格和自己的人格,来满足自己的野心,到了紧要关头,不惜作伪,不惜作恶,不顾社会的公共幸福,以求达他们自己的目的。这三种人生观都是我们该反对的。少年中国的人生观,依我个人看来,该有下列的几种要素:

第一须有批评的精神。一切习惯、风俗、制度的改良,都起于一点批评的眼光。个人的行为和社会的习俗,都最容易陷入机械的习惯,到了"机械的习惯"的时代,样样事都不知不觉地做去,全不理会何以要这样做,只晓得人家都这样做故我也这样做。这样的个人便成了无意识的两脚机器,这样的社会便成了无生气的守旧社会。我们如果发愿要造成少年的中国,第一步便须有一种批评的精神。批评的精神不是别的,就是随时随地都要问我为什么要这样做,为什么不那样做。

第二须有冒险进取的精神。我们须要认定这个世界是很多危险的,定不太平的,是需要冒险的;世界的缺点很多,是要我们来补救的;世界的痛苦很多,是要我们来减少的;世界的危险很多,是要我们来冒险进取的。俗语说得好:"成人不自在,自在不成人。"我们要做一个人,岂可贪图自在;我们要想造一个"少年的中国",岂可不冒险。这个世界是给我们活动的大舞台,我们既上了台,便应该老着面皮,硬着头皮,大着胆子,干将起来;那些缩进后台去静坐的人都是懦夫,那些袖着双手只会看戏的人,也都是懦夫。这个世界岂是给我们静坐旁观的吗?那些厌恶这个世界梦想超生别的世界的人,更是懦夫,不用说了。

第三须要有社会协进的观念。上条所说的冒险进取,并不是野心的,自私自利的。我们既认定这个世界是给我们活动的,又须认定人类的生活全是社会的生活,社会是有机的组织,全体影响个人,个人影响全体,社会的活动是互助的,你靠他帮忙,他靠你帮忙,我又靠你同他帮忙,你同他又靠我帮忙。你少说了一句话,我或者不是我现在的样子,我多尽了一分力,你或者也不是你现在这个样子,我和你多尽了一分力,或少做了一点事,社会的全体也许不是现在这个样子。这便是社会协进的观念。有这个观念,我们自然把人人都看作通力合作的伴侣,自然会尊重人人的人格了;有这个观念,我们自然觉得我们的一举一动都和社会有关,自然不肯为社会造恶因,自然要努力为社会种善果,自然不致变成自私自利的野心投机家了。

少年的中国，中国的少年，不可不时时刻刻保存这种批评的、冒险进取的、社会的人生观。

三、少年中国的精神。少年中国的精神并不是别的，就是上文所说的逻辑和人生观。我且说一个故事做我这番谈话的结论：诸君读过英国史的，一定知道英国前世纪有一种宗教革新的运动，历史上称为"牛津运动"（The Oxford Movement），这种运动的几个领袖如客白尔（Keble）、纽曼（Newman）、福鲁德（Froude）诸人，痛恨英国国教的腐败，想大大的改革一番。这个运动未起事之先，这几位领袖做了一些宗教性的诗歌写在一个册子上，纽曼摘了一句荷马的诗题在册子上，那句诗是 You shall see the difference now that we are back again! 翻译出来即是"如今我们回来了，你们看便不同了"！

少年的中国，中国的少年，我们也该时时刻刻记着这句话：

如今我们回来了，你们看便不同了！

这便是少年中国的精神。

1919.3.22

8. 我的儿子①

---

① 原载 1919 年 8 月 10 日至 17 日《每日评论》第 34、35 号。——编者

前天同太虚和尚谈论,我得益不少。别后又承先生给我这封很诚恳的信,感谢之至。

"父母于子无恩"的话,从王充、孔融以来,也很久了。从前有人说我曾提倡这话,我实在不能承认。直到今年我自己生了一个儿子,我才想到这个问题上去。我想这个孩子自己并不曾自由主张要生在我家,我们做父母的不曾得他的同意,就糊里糊涂的给了他一条生命。况且我们也并不曾有意送给他这条生命。我们既无意,如何能居功?如何能自以为有恩于他?他既无意求生,我们生了他,我们对他只有抱歉,更不能"市恩"了。我们糊里糊涂的替社会上添了一个人,这个人将来一生的苦乐祸福,这个人将来在社会上的功罪,我们应该负一部分的责任。说得偏激一点,我们生一个儿子,就好比替他种下了祸根,又替社会种下了祸根。他也许养成坏习惯,做一个短命浪子;他也许更堕落下去,做一个军阀派的走狗。所以我们"教他养他",只是我们自己减轻罪过的法子,只是我们种下祸根之后自己补过弥缝的法子。这可以说是恩典吗?

我所说的,是从做父母的一方面设想的,是从我个人对于我自己的儿子设想的,所以我的题目是"我的儿子"。我的意思是要我这个儿子晓得我对他只有抱歉,决不居功,决不市恩。至于我的儿子将来怎样待我,那是他自己的事。我决不期望他报答我的恩,因为我已宣言无恩于他。

先生说我把一般做儿子的抬举起来,看做一个"白吃不还账"的主顾。这是先生误会我的地方。我的意思恰同这个相反。我想把一般做父母的抬高起来,叫他们不要把自己看做一种"放高利债"的债主。

先生又怪我把"孝"字驱逐出境。我要问先生,现在"孝子"两个字究竟还有什么意义?现在的人死了父母都称"孝子"。孝子就是居父母丧的儿子(古书称为"主人"),无论怎样忤逆不孝的人,一穿上麻衣,戴上高粱冠,拿着哭丧棒,人家就称他做"孝子"。

我的意思以为古人把一切做人的道理都包在孝字里,故战阵无勇,莅官不敬,等等,都是不孝。这种学说,先生也承认它流弊百出。所以我要我的儿子做一个堂堂的人,不要他做我的孝顺儿子。我的意思以为"一个堂堂的人"决不至于做打爹骂娘的事,决不至于对他的父母毫无感情。

但是我不赞成把"儿子孝顺父母"列为一种"信条"。易卜生的

"群鬼"里有一段话很可研究(《新潮》第五号,页851)：

>　　(孟代牧师)你忘了没有,一个孩子应该爱敬他的父母？
>
>　　(阿尔文夫人)我们不要讲得这样宽泛。应该说:"欧士华应该爱敬阿尔文先生(欧士华之父)吗？"

这是说,"一个孩子应该爱敬他的父母"是耶教一种信条,但是有时未必适用。即如阿尔文一生纵淫,死于花柳毒,还把遗毒传给他的儿子欧士华,后来欧士华毒发而死。请问欧士华应该孝顺阿尔文吗？若照中国古代的伦理观念自然不成问题。但是在今日可不能不成问题了。假如我染着花柳毒,生下儿子又聋又瞎,终身残废,他应该爱敬我吗？又假如我把我的儿子应得的遗产都拿去赌输了,使他衣食不能完全,教育不能得着,他应该爱敬我吗？又假如我卖国卖主义,做了一国一世的大罪人,他应该爱敬我吗？

至于先生说的,恐怕有人扯起幌子,说:"胡先生教我做一个堂堂的人,万不可做父母的孝顺儿子。"这是他自己错了。我的诗是发表我生平第一次做老子的感想,我并不曾教训人家的儿子！

总之,我只说了我自己承认对儿子无恩,至于儿子将来对我作何感想,那是他自己的事,我不管了。

9. 新生活①

---

①　原载1919年8月24日《新生活》第1期。——编者

哪样的生活可以叫做新生活呢？

我想来想去，只有一句话。新生活就是有意思的生活。

你听了必定要问我，有意思的生活又是什么样子的生活呢？

我且先说一两件实在的事情做个样子，你就明白我的意思了。

前天你没有事做，闲的不耐烦了，你跑到街上一个小酒店里，打了四两白干，喝完了，又要四两，再添上四两。喝得大醉了，同张大哥吵了一回嘴，几乎打起架来。后来李四哥来把你拉开，你气愤愤的又要了四两白干，喝的人事不知，幸亏李四哥把你扶回去睡了。昨儿早上，你酒醒了，大嫂子把前天的事告诉你，你懊悔的很，自己埋怨自己："昨儿为什么要喝那么多酒呢？可不是糊涂吗？"

你赶上张大哥家去，作了许多揖，赔了许多不是，自己怪自己糊涂，请张大哥大量包涵。正说时，李四哥也来了，王三哥也来了。他们三缺一,要你陪他们打牌。你坐下来,打了十二圈牌,输了一百多吊钱。你回得家来,大嫂子怪你不该赌博,你又懊悔的很,自己怪自己道:"是呵,我为什么要陪他们打牌呢?可不是糊涂吗?"

诸位,像这样子的生活,叫做糊涂生活,糊涂生活便是没有意思的生活。你做完了这种生活,回头一想:"我为什么要这样干呢?"你自己也回不出究竟为什么。

诸位,凡是自己说不出"为什么这样做"的事,都是没有意思的生活。

反过来说,凡是自己说得出"为什么这样做"的事,都可以说是有意思的生活。

生活的"为什么",就是生活的意思。

人同畜生的分别,就在这个"为什么"上。你到万牲园①里去看那白熊一天到晚摆来摆去不肯歇,那就是没有意思的生活。我们做了人,应该不要学那些畜生的生活。畜生的生活只是糊涂,只是胡混,只是不晓得自己为什么如此做。一个人做的事应该件件事回得出一个"为什么"。

我为什么要干这个?为什么不干那个?回答得出,方才可算是一个人的生活。

我们希望中国人都能做这种有意思的新生活。其实这种新生活并不十分难,只消时时刻刻问自己为什么这样做,为什么不那样

---

① 北京动物园的旧称。

做,就可以渐渐地做到我们所说的新生活了。

诸位,千万不要说"为什么"这三个字是很容易的小事。你打今天起,每做一件事,便问一个为什么——为什么不把辫子剪了?为什么不把大姑娘的小脚放了?为什么大嫂子脸上搽那么多的脂粉?为什么出棺材要用那么多叫花子?为什么娶媳妇也要用那么多叫花子?为什么骂人要骂他的爹妈?为什么这个?为什么那个?——你试办一两天,你就会晓得这三个字的趣味真是无穷无尽,这三个字的功用也无穷无尽。

诸位,我们恭恭敬敬地请你们来试试这种新生活。

10. 爱国运动与求学①

---

① 本文载于1920年1月《新教育》第2卷第5期。与蒋梦麟联合署名,文章由胡适起草。——编者

今天是五月四日。我们回想去年今日,我们两人都在上海欢迎杜威博士,直到五月六日方才知道,北京五月四日的事。日子过得真快,匆匆又是一年了!

当去年的今日,我们心里只想留住杜威先生在中国讲演教育哲学;在思想一方面提倡实验的态度和科学的精神;在教育一方面输入新鲜的教育学说,引起国人的觉悟,大家来做根本的教育改革。这是我们去年今日的希望。不料时势的变化大出我们的意料之外,这一年以来,教育界的风潮几乎没有一个月平静的,整整的一年光阴就在风潮扰攘里过去了。

这一年的学生运动,从远大的观点看起来,自然是几十年来的一件大事。从这里面发出来的好效果,自然也不少。引起学生的自动的精神,是一件;引起学生对于社会国家的兴趣,是二件;引出学生的作文演说的能力,组织的能力,办事的能力,是三件;使学生增加团体生活的经验,是四件;引起许多学生求知识的欲望,是五件。这都是旧日的课堂生活所不能产生的,我们不能不认为学生运动的重要的贡献。

社会若能保持一种水平线以上的清明,一切政治上鼓吹和设施,制度上的评判和革新,都应该有成年的人去料理;未成年的一代人(学生时代之男女),应该有安心求学的权利,社会也用不着他们求做学校生活之外的活动。但是我们现在不幸生在这个变态的社会里,没有这种常态社会中人应该有的福气,社会上许多事被一班成年的或老年的人弄坏了,别的阶级又都不肯出来干涉纠正,于是这种干涉纠正的责任遂落在一般未成年的男女学生的肩膀上。这是变态的社会里一种不可避免的现象。现在有许多人说学生不应该干预政治,其实并不是学生自己要这样干,这都是社会和政府硬逼出来。如果社会国家的行为没有受学生干涉纠正的必要,如果学生能享受安心求学的幸福而不受外界的强烈的刺激和良心上的督责,他们又何必甘心抛了宝贵的光阴,冒着生命的危险,来做这种学生运动呢?

简单一句话:在变态的社会国家里面,政府太卑劣腐败了,国民又没有正式的纠正机关(如代表民意的国会之类)。那时候,干预政治的运动,一定是从青年的学生界发生的。汉末的太学生,宋代的太学生,明末的结社,戊戌政变以前的公车上书,辛亥以前的留学生革命党,俄国从前的革命党,德国革命前的学生运动,印度和朝鲜现在的运动,中国去年的五四运动与六三运动,都是同一个道理,都是有发生的理由的。

但是我们不要忘记:这种运动是非常的事,是变态的社会里不得已的事,但是它又是很不经济的不幸事。因为是不得已,故它的发生是可以原谅的。因为是很不经济的不幸事,故这种运动是暂时不得已的救急的办法,却不可长期存在的。

荒唐的中年老年人闹下了乱子,却要未成年的学子抛弃学业,荒废光阴,来干涉纠正,这是天下最不经济的事。况且中国眼前的学生运动更是不经济。何以故呢?试看自汉末以来学生运动,试看俄国德国印度朝鲜的学生运动,哪有一次用罢课作武器的?即如去年的五四与六三,这两次的成绩可是单靠罢课代武器的吗?单靠用罢课作武器,是最不经济的方法,是下下策,屡用不已,是学生运动破产的表现!

罢课于旁人无损,于自己却有大损失,这是人人共知的。但我们看来,用罢课作武器,还有精神上的很大损失:

(一)养成依赖群众的恶心理。现在的学生很像忘了个人自己有许多事可做,他们很像以为不全体罢课便无事可做。个人自己不肯牺牲,不敢做事,却要全体罢了课来呐喊助威,自己却躲在大众群里跟着呐喊,这种依赖群众的心理是懦夫的心理!

(二)养成逃学的恶习惯。现在罢课的学生,究竟有几个人出来认真做事?其余无数的学生,既不办事,又不自修,究竟为了什么事罢课?从前还可说是"激于义愤"的表示,大家都认作一种最重大的武器,不得已而用之。久而久之,学生竟把罢课的事看做很平常的事。我们要知道,多数学生把罢课看做很平常的事,这便是逃学习惯已养成的证据。

(三)养成无意识的行为的恶习惯。无意识的行为,就是自己说不出为什么要做的行为。现在不但学生把罢课看做很平常的事,社会也把学生罢课看做很平常的事。一件很重大的事,变成了很平常的事,还有什么功效灵验呢?既然明知没有灵验功效,却偏要去做,一处无意识的做了,别处也无意识的盲从,这种心理的养成,实在是眼前和将来最可悲的现象。

以上说的是我们对于现在学生运动的观察。

我们对于学生的希望,简单说来,只有一句话:"我们希望学生从今以后要注重课堂里,操场上,课余时间里的学生生活,只有这种学生活动是能持久又最有功效的学生运动。"

这种学生活动有三个重要部分:

(一)学问的生活;

(二)团体的生活;

(三)社会服务的生活。

第一,学问的生活。这一年以来,最可使人乐观的一种好现象,就是许多学生于知识学问的兴趣渐渐增加了。新出的出版物的销数增加,可以估量学生求知识的兴趣增加。我们希望现在的学生充分发展这点新发生的兴趣,注重学问的生活。要知道社会国家的大问题,绝不是没有学问的人能解决的。我们说的"学问的生活"并不限于从前的背书抄讲义的生活。我们希望学生——无论中学大学——都能注重下列的几项细目：

（一）注重外国文。现在中文的出版物实在不够满足我们求知的欲望。求新知识的门径在于外国文。每个学生至少须要能用一种外国语看书。学外国语须要经过查生字，记生字的第一难关。千万不要怕难。若是学堂里的外国文教员确实不好，千万不要让他敷衍你们，不妨赶他跑。

（二）注重观察事实与调查事实。这是科学训练的第一步。要求学校里用实验来教授科学。自己去采集标本，自己去观察调查。观察调查须要有个目的——例如本地的人口、风俗、出产、植物、鸦片烟馆等项的调查——还要注重团体的互助，分工合作，做成有系统的报告。现在的学生天天谈《二十一条》，究竟二十一条是什么东西，有几个人说得出吗？天天谈"高徐济顺"，究竟有几个人指得出这条路在什么地方吗？这种不注重事实的习惯，是不可不打破的。打破这种习惯的唯一法子，就是养成观察调查的习惯。

（三）建设地促进学校的改良。现在的学校课程和教员一定有许多不能满足学生求学的欲望的。我们学生不要专做破坏的攻击，须要用建设的精神，促进学校的改良。与其提倡考试的废止，不如提倡考试的改良；如其攻击校长不多买博物标本，不如提倡学生自己采集标本。这种建设促进，比教育部和教育厅的命令功效大得多咧。

（四）注重自修。灌进去的知识学问是没有多大用处的。真正可靠的学问都是从自修得来的。自修的能力是求学问的唯一条件。不养成自修的能力,决不能求学问。自修应注重的事是:一是看书的能力;二是要求学校购备参考书报,如大字典、词典、重要的大部书之类;三是结合同学多买书报,交换阅看;四是要求教员指导自修的门径和自修的方法。

第二,团体的生活。五四运动以来,总算增加了许多的学生的团体生活的经验。但是现在的学生团体有两大缺点:

一是内容太偏枯了;二是组织太不完备了。内容偏枯的补救,应注意各方面的"俱分并进"。

(一)学术的团体生活,如学术研究会或讲演会之类。应该注重自动的调查、报告、试验、讲演。

(二)体育的团体生活,如足球、运动会、童子军、野外幕居、假期旅行,等等。

(三)游艺的团体生活,如音乐、图书、戏剧,等等。

(四)社交的团体生活,如同学茶话会、家人恳亲会、师生恳亲会、同乡会,等等。

(五)组织的团体生活,如本校学生会、自治会、各校联合会、学生联合总会之类。

要补救组织不完备,应注重世界通行的议会法规(Parliamentary Law)的重要条件。简单地说来,至少须有下列的几个条件:

(一)法定开会人数。这是防弊的要件。

(二)动议的手续,与修正议案的手续。这是会议法规里最繁难又最重要的一项。

（三）发言的顺序。这是维持秩序的要件。

（四）表决的方法。一是须规定某种议案必须全体几分之几的可决，某种必须到会人数几分之几的可决，某种仅须过半数的可决。二是须规定某种重要议案必须用无记名投票，某种必须用有记名投票，某种可用举手的表决。

（五）凡是代表制的联合会——无论校内校外——皆须有复决制(Reterendum)。遇重大的案件，代表会议议决案必须再经过会员的总投票；总会的议决案，必须再经过各分会的复决。

（六）议案提出后，应有规定的讨论时间，并须限制每人发言的时间与次数。

现在许多学生会的章程只注重职员的分配，却不注重这些最紧要的条件，这是学生团体失败的一个大原因。

此外还须注意团体生活最不可少的两种精神：

（一）容纳反对党的意见。现在学生会议的会场上，对于不肯迎合群众心理的言论，往往有许多威压的表示，这是暴民专制，不是民治精神。民治主义的第一个条件就是要使各方面的意见都可以自由发表。

（二）人人要负责任。天下有许多事都是不肯负责任的"好人"弄坏的。好人坐在家里叹气，坏人在议场做戏，天下事所以败坏了。不肯出头负责任的人，便是团体的罪人，便不配做民治国家的国民。民治主义的第二个条件是人人要负责任，要尊重自己的主张，要用正当的方法来传播自己的主张。

第三,社会服务的生活。学生运动是学生对于社会国家的利害发生兴趣的表示,所以各处都有平民夜学,平民讲演的发起。我们希望今后的学生继续推广这种社会服务的事业。这种事业,一来是救国的根本办法,二来是学生的现力做得到的,三来可以发展学生自己的学问与才干,四来可以训练学生待人接物的经验。我们希望学生注意以下几点:

(一)平民夜校。注重本地的需要,介绍卫生的常识,职业的常识和公民的常识。

(二)通俗讲演。现在那些"同胞快醒,国要亡了","杀卖国贼","爱国是人生的义务"等等空话的讲演,是不能持久的,说了两三遍就没有了。我们希望学生注重科学常识的讲演,改良风俗的讲演,破除迷信的讲演。譬如你今天演说"下雨",你不能不先研究雨是怎样来的,何以从天上下来;听的人也可以因此知道雨不是龙王菩萨洒下来的,也可以知道雨不是道士和尚求得下来的。又如你明天演说"种田何以须用石灰作肥料",你就不能不研究石灰的化学,听的人也可以因此知道肥料的道理。这种讲演,不但于人有益,于自己也极有益。

(三)破除迷信的事业。我们希望学生不但用科学的道理来解释本地的种种迷信,并且还要实行破除迷信的事业。如求神合婚、求仙言、放焰口、风水等等迷信,都该破除。学生不来破除迷信,迷信是永远不会破除的。

（四）改良风俗的事业。我们希望学生用力去做改良风俗的事业。譬如女子缠足的，现在各处多有。学生应该组织天足会，相戒不娶小脚的女子。不能解放你的姊妹的小脚，你就不配谈"女子解放"。又如鸦片烟与吗啡，现在各处仍旧很销行，学生应该组织调查队、侦探队，或报告官府，或自动的捣毁烟间与吗啡店。你不能干涉你村上的鸦片吗啡，你也不配干预国家的大事。

以上说的是我们对于学生的希望。

学生运动已发生了，是青年一种活动力的表现，是一种好现象，决不能压下去的，也决不可把它压下去的。我们对于办教育的人的忠告是："不要梦想压制学生运动。学潮的救济只有一个法子，就是引导学生向有益有用的路上去活动。"

学生运动现在四面都受攻击，五四的后援也没有了，六三的后援也没有了。我们对于学生的忠告是："单靠用罢课作武器是下下策，可一而再再而三的么？学生运动如果要想保存五四和六三的荣誉，只有一个法子，就是改变活动的方向，把五四和六三的精神用到学校内外有益有用的学生活动上去。"

我们讲的话，是很直率，但这都是我们的老实话。

……

这是很可喜的消息。全国学生总会的通告里并且有"五卅运动并非短时间所可以解决"的话。我们要为全国学生下一转语：救国事业更非短时间所能解决。帝国主义不是赤手空拳打得倒的，"英日强盗"也不是几千万人的喊声咒得死的。救国是一件顶大的事业。排队游街,高喊着"打倒英日强盗",算不得救国事业;甚至于砍下手指写血书,甚至于蹈海投江,杀身殉国,都算不得救国的事业。救国的事业须要有各色各样的人才,真正的救国的预备在于把自己造成一个有用的人才。

易卜生说的好:

真正的个人主义在于把你自己这块材料铸造成个东西。

他又说:

有时候我觉得这个世界就好像大海上翻了船,最要紧的是救出我自己。

在这个高唱国家主义的时期,我们要很诚恳地指出:易卜生说的"真正的个人主义"正是到国家主义的唯一大路。救国须从救出你自己下手!

学校固然不是造人才的唯一地方,但在学生时代的青年却应该充分地利用学校的环境与设备来把自己铸造成个东西。我们须要明白了解:

救国千万事,何一不当为?
而吾性所适,仅有一二宜。

认清了你"性之所近,而力之所能勉"的方向,努力求发展,这便是你对国家应尽的责任,这便是你的救国事业的预备工夫。国家的纷扰,外间的刺激,只应该增加你求学的热心与兴趣,而不应该引诱你跟着大家去呐喊,呐喊救不了国家。即使呐喊也算是救国运动的一部分,你也不可忘记你的事业有比呐喊重要十倍百倍的。你的事业是要把你自己造成一个有眼光有能力的人才。

你忍不住吗?你受不住外面的刺激吗?你的同学都出去呐喊了,你受不了他们的引诱与讥笑吗?你独坐在图书馆里觉得难为情吗?你心里不安吗?——这也是人情之常,我们不怪你,我们都有忍不住的时候。但我们可以告诉你一两个故事,也许可以给你一点鼓舞:

德国大文豪葛德①(Goethe)在他的年谱里(英译本页一八九)曾说,他每遇着国家政治上有大纷扰的时候,他便用心去研究一种绝不关系时局的学问,使他的心思不致受外界的扰乱。所以拿破仑的兵威逼迫德国最厉害的时期里,葛德天天用功研究中国的文物。又当利俾瑟之战的那一天,葛德正关着门,做他的名著 *Essex* 的"尾声"。

德国大哲学家费希特(Fichte)是近代国家主义的一个创始者。然而他当普鲁士被拿破仑践破之后的第二年(一八〇七)回到柏林,便着手计划一个新的大学——即今日之柏林大学。那时候,柏林还在敌国驻兵的掌握里。费希特在柏林继续讲学,在很危险的环境里发表他的《告德意志民族》(*Reden an die deutsche nation*)。往往在他讲学的堂上听得见敌人驻兵操演回来的筲声。他这一套讲

---

① 后译"歌德"。

演——《告德意志民族》——忠告德国人不要灰心丧志,不要惊慌失措。他说,德意志民族是不会亡国的。这个民族有一种天付的使命,就是要在世间建立一个精神的文明——德意志的文明。他说,这个民族的国家是不会亡的。

后来费希特计划的柏林大学变成了世界的一个最有名的学府,他那部《告德意志民族》不但变成了德意志帝国建国的一个动力,并且成了十九世纪全世界的国家主义的一种经典。

上边的两段故事是我愿意介绍给全国的青年男女学生的。我们不期望人人都做葛德与费希特。我们只希望大家知道:在一个扰攘纷乱的时期里跟着人家乱跑乱喊,不能就算是尽了爱国的责任;此外还有更难更可贵的任务——在纷乱的喊声里,能立定脚跟,打定主意,救出你自己,努力把你这块材料铸造成个有用的东西!

十四,八,卅一夜　在天津脱稿(民国十四年八月卅一日,1925年8月31日)

11. 非个人主义的新生活①

---

① 原载 1920 年 1 月 15 日上海《时事新报》,又载 1920 年 4 月 1 日《新潮》第二卷第 3 号。——编者

本篇有两层意思：一是表示我不赞成现在一般有志青年所提倡，我所认为"个人主义的"新生活；一是提出我所主张的"非个人主义的"新生活，就是"社会的"新生活。

先说什么叫做"个人主义"（Individualism）。一月二日，杜威博士在天津青年会讲演"真的与假的个人主义"，他说个人主义有两种：

第一，假的个人主义——就是为我主义（Egoism）。他的性质是自私自利：只顾自己的利益，不管群众的利益。

第二，真的个人主义——就是个性主义（Individuality）。他的特性有两种：一是独立思想，不肯把别人的耳朵当耳朵，不肯把别人的眼睛当眼睛，不肯把别人的脑力当自己的脑力；二是个人对于自己思想信仰的结果要负完全责任，不怕权威，不怕监禁杀身，只认得真理,不认得个人的利害。

杜威先生极力反对前一种假的个人主义,主张后一种真的个人主义。这是我们都赞成的。但是他反对的那种自私自利的个人主义的害处,是大家都明白的。因为人多明白这种主义的害处,故他的危险究竟不很大。例如东方现在实行这种极端为我主义的"财主督军",无论他们眼前怎样横行,究竟逃不了公论的怨恨,究竟不会受多数有志青年的崇拜。所以我们可以说这种主义的危险是很有限的。但是我觉得"个人主义"还有第三派,是很受人崇敬的,是格外危险的。这一派是:独善的个人主义。他的共同性质是:不满意于现社会,却又无可奈何,只想跳出这个社会去寻一种超出现社会的理想生活。

这个定义含有两部分:(一)承认这个现社会是没有法子挽救的了;(二)要想在现社会之外另寻一种独善的理想生活。自有人类以来,这种个人主义的表现也不知有多少次了。简括说来,共有四种:

(一)宗教家的极乐国。如佛家的净土,犹太人的伊丁园,别种宗教的天堂、天国,都属于这一派。这种理想的源起,都由于对现社会不满意。因为厌恶现社会,故悬想那些无量寿、无量光的净土,不识不知、完全天趣的伊丁园,只有快乐、毫无痛苦的天国。这种极乐国里所没有的,都是他们所厌恨的;有的,都是他们所梦想而不能得到的。

(二)神仙生活。神仙的生活也是一种悬想的超出现社会的生活。人世有疾病痛苦,神仙无病长生;人世愚昧无知,神仙能知过去未来;人生不自由,神仙乘云遨游,来去自由。

(三)山林隐逸的生活。前两种是完全出世的,他们的理想生活是悬想的渺茫的出世生活。山林隐逸的生活虽然不是完全出世的,也是不满意于现社会的表示。他们不满意于当时的社会政治,却又无能为力,只得隐姓埋名,逃出这个恶浊社会去做他们自己理想中的生活。他们不能"得君行道",故对于功名利禄,表示藐视的态度;他们痛恨富贵的人骄奢淫逸,故说富贵如同天上的浮云,如同脚下的破草鞋;他们痛恨社会上有许多不耕而食,不劳而得的"吃白阶级",故自己耕田锄地,自食其力;他们厌恶这污浊的社会,故实行他们理想中梅妻鹤子,渔蓑钓艇的洁净生活。

(四)近代的新村生活。近代的新村运动,如十九世纪法国、美国的理想农村,如现在日本日向的新村,照我的见解看起来,实在同山林隐逸的生活是根本相同的。那不同的地方,自然也有。山林隐逸是没有组织的,新村是有组织的。这是一种不同。隐逸的生活是同世事完全隔绝的,故有"不知有汉,无论魏晋"的理想;现在的新村的人能有赏玩 Rodin 同 Cézanne 的幸福,还能在村外著书出报。这又是一种不同。但是这两种不同都是时代造成的,是偶然的,不是根本的区别。从根本性质上看来,新村的运动都是对于现社会不满意的表示。即如日向的新村,他们对于现在"少数人在多数人的不幸上,筑起自己的幸福"的社会制度,表示不满意,自然是公认的事实。周作人先生说日向新村里有人把中国看做"最自然,最自在的国"。这是他们对于日本政制极不满意的一种牢骚话,很可玩味的。武者小路实笃先生一班人虽然极不满意于现社会,却又不赞成用"暴力"的改革。他们都是"真心仰慕着和平"的人。他们于无可奈何之中,想出这个新村的计划来。周作人先生说:"新村的理想,要将历来非暴力不能做到的事,用和平方法得来。"这个和平方法就是离开现社会,去做一种模范的生活。"只要万人真希望这种的世界,这世界便能实现。"这句话不但是独善主义的精义,简直全是净土宗的口气了!所以我把新村来比山林隐逸,不算冤枉他;就是把他来比求净土天国的宗教运动,也不算玷辱他。不过他们的净土是在日向,不在西天罢了。

我这篇要批评的"个人主义的新生活",就是指这一种跳出现社会的新村生活。这种生活,我认为是"独善的个人主义"的一种。"独善"两个字是从孟轲"穷则独善其身"一句话上来的。有人说新村的根本主张是要人人"尽了对于人类的义务,却又完全发展自己个性"。如此看来,他们既承认"对于人类的义务",如何还是独善的个人主义呢?我说:这正是个人主义的证据。……

新村的人主张"完全发展自己个性",故是一种个人主义。他们要想跳出现社会去发展自己的个性,故是一种独善的个人主义。

这种新村的运动,因为恰合现在青年不满意于现社会的心理,故近来中国也有许多人欢迎、赞叹、崇拜。我也是敬仰武者先生一班人的,故也曾仔细考究这个问题。我考究的结果是不赞成这种运动,我以为中国的有志青年不应该仿行这种个人主义的新生活。

这种新村的运动有什么可以反对的地方呢？

第一，因为这种生活是避世的，是避开现社会的。这就是让步，这便不是奋斗。我们自然不应该提倡"暴力"，但是非暴力的奋斗是不可少的。我并不是说武者先生一班人没有奋斗的精神。他们在日本能提倡反对暴力的论调——如《一个青年的梦》——自然是有奋斗精神的。但是他们的新村计划想避开现社会里"奋斗的生活"，去寻那现社会外"生活的奋斗"，这便是一大让步。武者先生的《一个青年的梦》里的主人翁最后有几句话，很可玩味。他说：

> 请宽恕我的无力——宽恕我的话的无力。但我心里所有的对于美丽的国的仰慕，却要请诸君体察的。

我们对于日向的新村应该作如此观察。

第二，在古代这种独善主义还有存在的理由；在现在，我们就不该崇拜他了。古代的人不知道个人有多大的势力，故孟轲说："穷则独善其身，达则兼善天下。"古人总想，改良社会是"达"了以后的事业，是得君行道以后的事业，故承认个人——穷的个人——只能做独善的事业，不配做兼善的事业。古人错了，现在我们承认个人有许多事业可做。人人都是一个无冠的帝王，人人都可以做一些改良社会的事。去年的五四运动和六三运动，何尝是"得君行道"的人做出来的？知道个人可以做事，知道有组织的个人更可以做事，便可以知道这种个人主义的独善生活是不值得模仿的了。

第三，他们所信仰的"泛劳动主义"是很不经济的。他们主张："一个人生存上必要的衣食住，论理应该用自己的力去得来，不该要别人代负这责任。"这话是从消极一方面看,从反对那"游民贵族"的方面看,自然是有理的。但是从他们的积极实行方面看,他们要"人人尽劳动的义务,制造这生活的资料",就是衣食住的资料,这便是"矫枉过正"了。人人要尽制造衣食住的资料的义务,就是人人要加入这生活的奋斗。(周作人先生再三说新村里平和幸福的空气,也许不承认"生活的奋斗"的话,但是我说的,并不是人同人争面包米饭的奋斗,乃是人在自然界谋生存的奋斗。周先生说新村的农作物至今还不够自用,便是一证。)现在文化进步的趋势,是要使人类渐渐减轻生活的奋斗至最低度,使人类能多分一些精力出来,做增加生活意味的事业。新村的生活使人人都要尽"制造衣食住的资料"的义务,根本上否认分工进化的道理,增加生活的奋斗,是很不经济的。

第四,这种独善的个人主义的根本观念就是周先生说的"改造社会,还要从改造个人做起"。我对于这个观念,根本上不能承认。这个观念的根本错误在于把"改造个人"与"改造社会"分作两截,在于把个人看做一个可以提到社会外去改造的东西。要知道个人是社会上种种势力的结果。我们吃的饭,穿的衣服,说的话,呼吸的空气,写的字,有的思想……没有一件不是社会的。我曾有几句诗,说:"……此身非吾有:一半属父母,一半属朋友。"当时我以为把一半的我归功社会,总算很慷慨了。后来我才知道这点算学做错了!父母给我真是极少的一部分。其余各种极重要的部分,如思想,信仰,知识,技术,习惯等等,大都是社会给我的。我穿线袜的法子是一个徽州同乡教我的；我穿皮鞋打的结能不散开，是一个美国女朋友教我的。这两件极细碎的例，很可以说明这个"我"是社会上无数势力所造成的。社会上的"良好分子"并不是生成的，也不是个人修炼成的，都是因为造成他们的种种势力里面，良好的势力比不良的势力多些。反过来，不良的势力比良好的势力多，结果便是"恶劣分子"了。古代的社会哲学和政治哲学只为要妄想凭空改造个人，故主张正心，诚意，独善其身的办法。这种办法其实是没有办法，因为没有下手的地方。近代的人生哲学渐渐变了，渐渐打破了这种迷梦，渐渐觉悟：改造社会的下手方法在于改良那些造成社会的种种势力——制度、习惯、思想、教育等等。那些势力改良了，人也改良了。所以我觉得"改造社会要从改造个人做起"还是脱不了旧思想的影响。我们的根本观念是：

个人是社会上无数势力造成的。

改造社会须从改造这些造成社会，造成个人的种种势力做起。

改造社会即是改造个人。

新村的运动如果真是建筑在"改造社会要从改造个人做起"一个观念上，我觉得那是根本错误了。改造个人也是要一点一滴的改造那些造成个人的种种社会势力。不站在这个社会里来做这种一点一滴的社会改造，却跳出这个社会去"完成发展自己个性"，这便是放弃现社会，认为不能改造。这便是独善的个人主义。

以上说的是本篇的第一层意思。

现在我且简单说明我所主张的"非个人主义的"新生活是什么。

这种生活是一种"社会的新生活";是站在这个现社会里奋斗的生活;是霸占住这个社会来改造这个社会的新生活。他的根本观念有三条:(一)社会是种种势力造成的,改造社会须要改造社会的种种势力。这种改造一定是零碎的改造,一点一滴的改造,一尺一步的改造。无论你的志愿如何宏大,理想如何彻底,计划如何伟大,你总不能笼统的改造,你总不能不做这种"得寸进寸,得尺进尺"的工夫。所以我说:社会的改造是这种制度那种制度的改造,是这种思想那种思想的改造,是这个家庭那个家庭的改造,是这个学堂那个学堂的改造。(二)因为要做一点一滴的改造,故有志做改造事业的人必须要时时刻刻存研究的态度,做切实的调查,下精细的考虑,提出大胆的假设,寻出实验的证明。这种新生活是研究的生活,是随时随地解决具体问题的生活。具体的问题多解决了一个,便是社会的改造进了那么多一步。做这种生活的人要睁开眼睛,公开心胸;要手足灵敏,耳目聪明,心思活泼;要欢迎事实,要不怕事实;要爱问题,要不怕问题的逼人!(三)这种生活是要奋斗的,那避世的独善主义是与人无忤,与世无争的,故不必奋斗。这种"淑世"的新生活,到处翻出不中听的事实,到处提出不中听的问题,自然是很讨人厌的,是一定要招起反对的。反对就是兴趣的表示,就是注意的表示。我们对于反对的旧势力,应该做正当的奋斗,不可退缩。我们的方针是:奋斗的结果,要使社会的旧势力不能不让我们;切不可先就偃旗息鼓退出现社会去,把这个社会双手让给旧势力。换句话说,应该使旧社会变成新社会,使旧村变为新村,使旧生活变为新生活。

　　我且举一个实际的例。英美近二三十年，有一种运动，叫做"贫民区域居留地"的运动(Social Settlements)。这种运动的大意是：一班青年的男女——大都是大学的毕业生——在本地拣定一块腌臜，极不堪的贫民区域，买一块地，造一所房屋。这一班人便终日在这里做事。这屋里，凡是物质文明所赐的生活需要品——电灯、电话、热气、浴室、游水池、钢琴、话匣等等，无一不有。他们把附近的小孩子——垢面的小孩子——都招拢来，教他们游水，教他们读书，教他们打球，教他们演说辩论，组成音乐队，组成演剧团，教他们演戏奏艺。……我在纽约时，曾常常去看亨利街上的一所居留地，是华德女士(Lilian Wald)办的。有一晚我去看那条街上的贫家子弟演戏，演的是贝里(Barry)的名剧。我至今回想起来，他们演戏的程度比我们大学的新戏高得多咧！

　　这种生活是我所说的"非个人主义的新生活"！是我所说的"变旧社会为新社会，变旧村为新村"的生活！这也不是用"暴力"去得来的！我希望中国的青年要做这一类的新生活，不要去模仿那跳出现社会的独善生活。我们的新村就在我们自己的旧村里！我们所要的新村是要我们自己的旧村变成的新村！

　　可爱的男女少年！我们的旧村里我们可做的事业多得很咧！村上的鸦片烟灯还有多少？村上的吗啡针害死了多少人？村上缠脚的女子还有多少？村上的学堂成个什么样子？……

有志求新生活的男女少年！我们有什么权利,丢开这许多的事业去做那避世的新村生活！我们放着这个恶浊的旧村,有什么面孔,有什么良心,去寻那"和平幸福"的新村生活！

九,一,二六(民国九年一月二十六日,1920年1月26日)

12. 学生与社会[①]

[①] 本文是胡适1922年2月19日在平民中学的演说词。原载1922年3月10日《共进》增刊第11期。收入《胡适教育文选》(柳芳主编)等。——编者

今天我同诸君所谈的题目是《学生与社会》。这个题目可以分两层讲：(一) 个人与社会；(二) 学生与社会。现在先说第一层。

一、个人与社会

(一) 个人与社会有密切的关系，个人就是社会的出产品。我们虽然常说"人有个性"，并且提倡发展个性，其实个性于人，不过千分之一，千分之九百九十九全是社会的。我们的说话，是照社会的习惯发音；我们的衣服，是按社会的风尚为式样；就是我们的一举一动，无一不受社会的影响。

六年前我作过一首《朋友篇》，在这篇诗里我说："清夜每自思，此身非吾有：一半属父母，一半属朋友。"如今想来，这百分之五十的比例算法是错了，此身至少有千分之九百九十九是属于广义的朋友的。我们现在时在此地,而几千里外的人,不少的同我们发生关系。我们不能不穿衣,不能不点灯,这衣服与灯,不知经过多少人的手才造成功的。这许多为我们制衣造灯的人,都是我们不认识的朋友,这衣与灯就是这许多不认识的朋友给予我们的。

再进一步说,我们的思想、习惯、信仰、等等,都是社会的出产品,社会上都说"吃饭",我们不能改转来说"饭吃"。我们所以为我们,就是这些思想、信仰、习惯……这些既都是社会的,那么除过社会,还能有我吗?

这第一点的要义:我的所以为我,在物质方面,是无数认识与不认识的朋友的,在精神方面,是社会的,所谓"个人"差不多完全是社会的出产品。

(二) 个人——我——虽仅是千分之一,但是这千分之一的"我"是很宝贵的。普通一班的人,差不多千分之千都是社会的,思想、举动、言语、服食都是跟着社会跑。有一二特出者,有千分之一的我——个性,于跟着社会跑的时候,要另外创作,说人家未说的话,做人家不做的事。社会一班人就给他一个诨号,叫他"怪物"。

怪物原有两种:一种是发疯,一种是个性的表现。这种个性表现的怪物,是社会进化的种子,因为人类若是一代一代的互相仿照,不有变更,那就没有进化可言了。惟其有些怪物出世,特立独行,做人不做的事,说人未说的话,虽有人骂他打他,甚而逼他至死,他仍是不改他的怪言、怪行。久而久之,渐渐的就有人模仿他了,由少数的怪,变为多数,更变而为大多数,社会的风尚从此改变,把先前所怪的反视为常了。

宗教中的人物，大都是些怪物，耶稣就是一个大怪物。当时的人都以为有人打我一掌，我就应该还他一掌。耶稣偏要说："有人打我左脸一掌，我应该把右边的脸转送给他。"他的言语、行为，处处与当时的习尚相反，所以当时的人就以为他是一个怪物，把他钉死在十字架上。但是他虽死不改其言行，所以他死后就有人尊敬他，爱慕、模仿他的言行，成为一个大宗教。

怪事往往可以轰动一时，凡轰动一时的事，起先无不是可怪异的。比如缠足，当初一定是很可怪异的，而后来风行了几百年。近来把缠小的足放为天足，起先社会上同样以为可怪，而现在也渐渐风行了。可见不是可怪，就不能轰动一时。社会的进化，纯是千分之一的怪物，可以牺牲名誉、性命，而做可怪的事，说可怪的话以演成的。

社会的习尚，本来是革不尽，而也不能够革尽的，但是改革一次，虽不能达完全的目的，至少也可改革一部分的弊习。譬如辛亥革命，本是一个大改革，以现在的政治社会情况看，固不能说是完全成功，而社会的弊习——如北京的男风，官家厅的公门等等——附带革除的，实在不少。所以在实际上说，总算是进化的多了。

这第二点的要义：个人的成分，虽仅占千分之一，而这千分之一的个人，就是社会进化的原因。人类的一切发明，都是由个人一点一点改良而成功的。惟有个人可以改良社会，社会的进化全靠个人。

二、学生与社会

由上一层推到这一层,其关系已很明白。不过在文明的国家,学生与社会的特殊关系,当不大显明,而学生所负的责任,也不大很重。惟有在文明程度很低的国家,如像现在的中国,学生与社会的关系特深,所负的改良的责任也特重。这是因为学生是受过教育的人,中国现在受过完全教育的人,真不足千分之一,这千分之一受过完全教育的学生,在社会上所负的改良责任,岂不是比全数受过教育的国家的学生,特别重大吗?

教育是给人戴一副有光的眼镜,能明白观察;不是给人穿一件锦绣的衣服,在人前夸耀。未受教育的人,是近视眼,没有明白的认识,远大的视力;受了教育,就是近视眼戴了一副近视镜,眼光变了,可以看明清楚远大。学生读了书,造下学问,不是为要到他的爸爸前,要吃肉菜,穿绸缎;是要认他爸爸认不得的,替他爸爸说明,来帮他爸爸的忙。他爸爸不知道肥料的用法,土壤的选择,他能知道,告诉他爸爸,给他爸爸制肥料,选土壤,那他家中的收获,就可以比别人家多出许多了。

从前的学生都喜欢戴平光的眼镜,那种平光的眼镜戴如不戴,不是教育的结果。教育是要人戴能看从前看不见,并能看人家看不见的眼镜。我说社会的改良,全靠个人,其实就是靠这些近视镜,能看人所看不见的个人。

从前眼镜铺不发达,配眼镜的机会少,所以近视眼,老是近视看不远。现在不然了，戴眼镜的机会容易得多了，差不多是送上门来，让你去戴。若是我们不配一副眼镜戴，那不是自弃吗？若是仅戴一副看不清、看不远的平光镜，那也是可耻的事呀。

这是一个比喻。眼镜就是知识，学生应当求知识，并应当求其所要的知识。

戴上眼镜，往往容易招人家厌恶。从前是近视眼，看不见人家脸上的麻子，戴上眼镜，看见人家脸上的麻子，就要说："你是个麻子脸。"有麻子的人，多不愿意别人说他的麻子。要听见你说他是麻子，他一定要骂你，甚而或许打你。这一改意思，就是说受过教育，就认识清社会的恶习，而发不满意的批评。这种不满意社会的批评，最容易引起社会的反感。但是人受教育，求知识，原是为发现社会的弊端，若是受了教育，而对于社会仍是处处觉得满意，那就是你的眼镜配错了光了，应该反回去审查审查，重配一副光度合适的才好。

从前格里林因人家造的望远镜不适用，他自己造了一个扩大几百倍的望远镜，能看木星现象。他请人来看，而社会上的人反以为他是魔术迷人，骂他为怪物，革命党，几乎把他弄死。他惟其不屈不挠，不抛弃他的学说，停止他的研究，而望远镜竟为今日学问上、社会上重要的东西了。

总之，第一要有知识，第二要有图书（编者："图书"二字有误，当为"骨子"，才与下文相通）。若是没有骨子便在社会上站不住。有骨子就是有奋斗精神，认为是真理，虽死不畏，都要去说去做。不以我看见我知道而已,还要使一班人都认识,都知道。由少数变为多数,由多数变为大多数,使一班人都承认这个真理。譬如现在有人反对修铁路,铁路是便利交通,有益社会的,你们应该站在房上喊叫宣传,使人人都知道修铁路的好处;若是有人厌恶你们,阻挡你们,你们就要拿出奋斗的精神,与他抵抗,非把你们的目的达到,不止你们的喊叫宣传。这种奋斗的精神,是改造社会绝不可少的。

二十年前的革命家,现在哪里去了?他们的消灭不外两个原因:(一)眼镜不适用了。二十年前的康有为是一个出风头的革命家,不怕死的好汉子。现在人都笑他为守旧,老古董,都是由他不去把不适用的眼镜换一换的缘故。(二)无骨子。有一班革命家,骨子软了,人家给他些钱,或给他一个差事,教他不要干,他就不敢干了;没有一种奋斗精神,不能拿出"你不要我干,我偏要干"的决心,所以都消灭了。

我们学生应当注意的就是这两点:眼镜的光若是不对了,就去换一副对的来戴;摸着脊骨软了,要吃一点硬骨药。

我的话讲完了,现在讲一个故事来作结。易卜生所作的《国民公敌》一剧,写一个医生斯铎曼发现了本地浴场的水里有传染病菌,他还不敢自信,请一位大学教授代为化验,果然不错。他就想要去改良他。不料浴场董事和一班股东因为改造浴场要耗费资本,拼死反对,他的老大哥与他的老丈人也都多方的以情感利诱,但他总是不可软化。他于万分困难之下设法开了一个公民会议,报告他的发现。会场中的人不但不听他的老实话,还把他赶出场去,裤子撕破,宣告他为国民公敌。他气愤不过,说:"出去争真理,不要穿好裤子。"他是真有奋斗精神,能够特立独行的人,于这种逼迫之下还是不少退缩。他说:"世界最有强力的人就是那最孤立的人。"我们要改良社会,就要学这"争真理不穿好裤子"的态度,相信这"最孤立的人是最有强力的人"的名言。

13. 哲学与人生①

---

① 本文为1923年10月或11月在上海商科大学佛学研究会的讲演,发表于《东方杂志》第20卷第23号。

前次承贵会邀我演讲关于佛学的问题，我因为对于佛学没有充分的研究，拿浅薄的学识来演讲这一类的问题，未免不配；所以现在讲"哲学与人生"，希望对于佛学也许可以贡献点参考。不过我所讲的有许多地方和佛家意见不合，佛学会的诸君态度很公开，大约能够容纳我的意见的！讲到"哲学与人生"，我们必先研究它的定义：什么叫哲学？什么叫人生？然后才知道它们的关系。

　　我们先说人生。这六月来，国内思想界，不是有玄学与科学的笔战么？国内思想界的老将吴稚晖先生，就在《太平洋杂志》上发表一篇《一个新信仰的宇宙观及人生观》。其中下了一个人生定义。他说："人是哺乳动物中的有二手二足用脑的动物。"人生即是这种动物所演的戏剧，这种动物在演时，就有人生；停演时就没人生。所谓人生观，就是演时对于所演之态度，譬如：有的喜唱花面，有的喜唱老生,有的喜唱小生,有的喜摇旗呐喊;凡此种种两脚两手在演戏的态度,就是人生观。不过单是登台演剧,红进绿出,有何意义?想到这层,就发生哲学问题。哲学的定义,我们常在各种哲学书籍上见到;不过我们尚有再找一个定义的必要。我在《中国哲学史大纲》上卷上所下的哲学的定义说:"哲学是研究人生切要的问题,从根本上着想,去找根本的解决。"但是根本两字意义欠明,现在略加修改,重新下了一个定义说:"哲学是研究人生切要的问题,从意义上着想,去找一个比较可普遍适用的意义。"现在举两个例来说明它:要晓得哲学的起点是由于人生切要的问题,哲学的结果,是对于人生的适用。人生离了哲学,是无意义的人生;哲学离了人生,是想入非非的哲学。现在哲学家多凭空臆说,离得人生问题太远,真是上穷碧落,愈闹愈糟!

现在且说第一个例:两千五百年前在喜马拉雅山南部有一个小国——迦叶——里,街上倒卧着一个病势垂危的老丐,当时有一个王太子经过,在别人看到,将这老丐赶开,或是毫不经意地走过去了;但是那王太子是赋有哲学天才的人,他就想人为什么逃不出老、病、死这三个大关头,因此他就弃了他的太子爵位、妻孥、便嬖、皇宫、财货,遁迹入山,去静想人生的意义。后来忽然在树下想到一个解决,就是将人生一切问题拿主观去看,假定一切多是空的,那么,老、病、死,就不成问题了。这种哲学的合理与否,姑且不论,但是那太子的确是研究人生切要的问题,从意义上着想去找他以为比较普遍适用的意义。

我们再举一个例：譬如我们睡到夜半醒来，听见贼来偷东西，我那就将他捉住，送县究办。假如我们没有哲性，就这么了事，再想不到"人为什么要做贼"等等的问题；或者那贼竟苦苦哀求起来，说他所以做贼的缘故，因为母老，妻病，子女待哺，无处谋生，迫于不得已而为之，假如没哲性的人，对于这种吁求，也不见有甚良心上的反动。至于富有哲性的人就要问了，为什么不得已而为之？天下不得已而为之的事有多少？为什么社会没得给他做工？为什么子女这样多？为什么老、病、死？这种偷窃的行为，是由于社会的驱策，还是由于个人的堕落？为什么不给穷人偷？为什么他没有我有？他没有我有是否应该？拿这种问题，逐一推思下去，就成为哲学。由此看来，哲学是由小事放大，从意义着想而得来的，并非空说高谈能够了解的。推论到宗教哲学、政治哲学、社会哲学等，也无非多从活的人生问题推衍阐明出来的。

我们既晓得什么叫人生，什么叫哲学，而且略会看到两者的关系，现在再去看意义在人生上占的什么地位？现在一般的人饱食终日，无所用心。思想差不多是社会的奢侈品。他们看人生种种事实，和乡下人到城里来看见五光十色的电灯一样。只看到事实的表面，而不了解事实的意义。因为不能了解意义的缘故，所以连事实也不能了解了。这样说来，人生对于意义，极有需要，不知道意义，人生是不能了解的。宋朝朱子这班人，终日对物格物，终于找不到着落，就是不从意义上着想的缘故。又如平常人看见病人种种病象，他单看见那些事实而不知道那些事实的意义，所以莫明其妙。

至于这些病象一到医生眼里,就能对症下药;因为医生不单看病象,还要晓得病象的意义的缘故。因此,了解人生不单靠事实,还要知道意义!

那么,意义又从何来呢?有人说意义有两种来源:一种是从积累得来,是愚人取得意义的方法;一种是由直觉得来,是大智取得意义的方法。积累的方法,是走笨路;用直觉的方法是走捷径。据我看来,欲求意义唯一的方法,只有走笨路,就是日积月累的去做刻苦的工夫,直觉不过是熟能生巧的结果,所以直觉是积累最后的境界,而不是豁然贯通的。大发明家爱迪生有一次演说,他说,天才百分之九十九是汗,百分之一是神,可见得天才是下了番苦功才能得来,不出汗决不会出神的。所以有人应付环境觉得难,有人觉得易,就是日积月累的意义多寡而已。哲学家并不是什么,只是对于人生所得的意义多点罢了。

欲得人生的意义,自然要研究哲学史,去参考已往的死的哲理。不过还有更重要的,是注意现在的活的人生问题,这就是做人应有的态度。现在我举两个可模范的大哲学家来做我的结论,这两大哲学家一个是古代的苏格拉底,一个是现代的笛卡儿。

苏格拉底是希腊的穷人,他觉得人生醉生梦死,毫无意义,因此到公共市场,见人就盘问,想借此得到人生的解决。有一次,他碰到一个人去打官司,他就问他,为什么要打官司?那人答道,为公理。他复问道,什么叫公理?那人便瞠目结舌不能作答。苏氏笑道:我知道我不知,你却不知道你不知呵!后来又有一个人告他的父亲不信国教,他又去盘问,那人又被问住了。因此希腊人多恨他,告他两大罪,说他不信国教,带坏少年,政府就判他的死刑。他走出来的时候,对告他的人说:"未经考察过的生活,是不值得活的。你们走你们的路,我走我的路罢!"后来他就从容就刑,为找寻人生的意义而牺牲他的生命!

笛卡儿旅行的结果,觉到在此国以为神圣的事,在他国却视为下贱;在此国以为大逆不道的事,在别国却奉为天经地义,因此他觉悟到贵贱善恶是因时因地而不同的。他以为从前积下来的许多观念知识是不可靠的,因为他们多是趁他思想幼稚的时候侵入来的。如若欲过理性生活,必得将从前积得的知识,一件一件用怀疑的态度去评估他们的价值,重新建设一个理性的是非。这怀疑的态度,就是他对于人生与哲学的贡献。

现在诸君研究佛学,也应当用怀疑的态度去找出它的意义,是否真正比较得普遍适用?诸君不要怕,真有价值的东西,决不为怀疑所毁;而能被怀疑所毁的东西,决不会真有价值。我希望诸君实行笛卡尔的怀疑态度,牢记苏格拉底所说的"未经考察过的生活,是不值得活的"这句话。那么,诸君对于明阐哲学,了解人生,不觉其难了。

1923 年 12 月

# 14. 科学的人生观

亚东图书馆主人汪孟邹先生，近来把散见国内各种杂志上的讨论科学与人生观的文章搜集印行，总名为《科学与人生观》。我从烟霞洞回到上海时，这部书已印了一大半了。孟邹要我做一篇序。我觉得，在这回空前的思想界大笔战的战场上，我要算一个逃兵了。我在本年三四月间，因为病体未复原，曾想把《努力周报》停刊，当时丁在君先生极不赞成停刊之议，他自己做了几篇长文，使我好往南方休息一会。我看了他的《玄学与科学》，心里很高兴，曾对他说，假使《努力》以后向这个新方向去谋发展，假使我们以后为科学作战，《努力》便有了新生命，我们也有了新兴趣，我从南方回来，一定也要加入战斗的。然而我来南方以后，一病就费去了六个多月的时间，在病中我只做了一篇很不庄重的《孙行者与张君劢》，此外竟不曾加入一拳一脚，岂不成了一个逃兵了？我如何敢以逃兵的资格来议论战场上各位武士的成绩呢?

但我下山以后,得遍读这次论战的各方面的文章,究竟忍不住心痒手痒,究竟不能不说几句话。一来呢,因为论战的材料太多,看这部大书的人不免有"目迷五色"的感觉,多作一篇综合的序论也许可以帮助读者对于论点的了解。二来呢,有几个重要的争点,或者不曾充分发挥,或者被埋没在这二十五万字的大海里,不容易引起读者的注意,似乎都有特别点出的需要。因此,我就大胆地作这篇序了。

一

这三十年来,有一个名词在国内几乎做到了无上尊严的地位;无论懂与不懂的人,无论守旧和维新的人,都不敢公然对他表示轻视或戏侮的态度。那名词就是"科学"。这样几乎全国一致的崇信,究竟有无价值,那是另一问题。我们至少可以说,自从中国讲变法维新以来,没有一个自命为新人物的人敢公然毁谤"科学"的,直到民国八九年间梁任公先生发表他的《欧游心影录》,科学方才在中国文字里正式受了"破产"的宣告。

梁先生说:

> 要而言之,近代人因科学发达,生出工业革命,外部生活变迁急剧,内部生活随而动摇,这是很容易看得出的。……依着科学家的新心理学,所谓人类心灵这件东西,就不过物质运动现象之一种。……这些唯物派的哲学家,托庇科学宇下建立

一种纯物质的纯机械的人生观。把一切内部生活外部生活都归到物质运动的"必然法则"之下。……不唯如此,他们把心理和精神看成一物,根据实验心理学,硬说人类精神也不过一种物质,一样受"必然法则"所支配。于是人类的自由意志不得不否认了。意志既不能自由,还有什么善恶的责任?……现今思想界最大的危机就在这一点。宗教和旧哲学既已被科学打得个旗靡帜乱,这位"科学先生"便自当仁不让起来,要凭他的试验发明个宇宙新大原理。却是那大原理且不消说,敢是各科的小原理也是日新月异,今日认为真理,明日已成谬见。新权威到底树立不来,旧权威却是不可恢复了。所以全社会人心,都陷入怀疑沉闷畏惧之中,好像失了罗针的海船遇着风雾,不知前途怎生是好。既然如此,所以那些什么乐利主义、强权主义愈发得势。死后既没有天堂,只好尽这几十年尽情地快活,善恶既没有责任,何妨尽我的手段来充满我个人的欲望。然而享用的物质增加速率,总不能和欲望的升腾同一比例,而且没有法子令他均衡。怎么好呢?只有凭自己的力量自由竞争起来,质而言之,就是弱肉强食。近年来什么军阀,什么财阀,都是从这条路产生出来。这回大战争,便是一个报应。……

总之,在这种人生观底下,那么千千万万人前脚接后脚的来这世界走一趟住几十年,干什么呢?独一无二的目的就是抢面包吃。不然就是怕那宇宙间物质运动的大轮子缺了发动力,特自来供给他燃料。果真这样,人生还有一毫意味,人类还有一毫价值吗？无奈当科学全盛时代，那主要的思潮，却是偏在这方面，当时讴歌科学万能的人，满望着科学成功，黄金世界便指日出现。如今功总算成了，一百年物质的进步，比从前三千年所得还加几倍。我们人类不惟没有得着幸福，倒反带来许多灾难。好像沙漠中迷路的旅人，远远望见个大黑影，拼命往前赶，以为可以靠他向导，哪知赶上几程，影子却不见了，因此无限凄惶失望。影子是谁，就是这位"科学先生"。欧洲人做了一场科学万能的大梦，到如今却叫起科学破产来（《梁任公近著》第一辑上卷，页一九～二三）。

梁先生在这段文章里很动情感地指出科学家的人生观的流毒：他很明显地控告那"纯物质的纯机械的人生观"把欧洲全社会"都陷入怀疑沉闷畏惧之中"，养成"弱肉强食"的现状——"这回大战争，便是一个报应"。他很明白地控告这种科学家的人生观造成"抢面包吃"的社会，使人生没有一毫意味，使人类没有一毫价值，没有给人类带来幸福，"倒反带来许多灾难"，叫人类"无限凄惶失望"。梁先生要说的是欧洲"科学破产"的喊声，而他举出的却是科学家的人生观的罪状；梁先生摭拾了一些玄学家诬蔑科学人生观的话头，便加上了"科学破产"的恶名。

梁先生后来在这一段之后，加上两行自注道：

读者切勿误会，因此菲薄科学，我绝不承认科学破产，不过也不承认科学万能罢了。

然而谣言这件东西，就同野火一样，是易放而难收的。自从《欧游心影录》发表之后,科学在中国的尊严就远不如前了。一般不曾出国门的老先生很高兴地喊着:"欧洲科学破产了!梁任公这样说的。"我们不能说梁先生的话和近年同善社、悟善社的风行有什么直接的关系;但我们不能不说梁先生的话在国内确曾替反科学的势力助长不少的威风。梁先生的声望,梁先生那枝"笔锋常带情感"的健笔,都能使他的读者容易感受他的言论的影响。何况国中还有张君劢先生一流人,打着柏格森、倭铿、欧立克……的旗号,继续起来替梁先生推波助澜呢?

我们要知道,欧洲的科学已到了根深蒂固的地位,不怕玄学鬼来攻击了。几个反动的哲学家,平素饱餍了科学的滋味,偶尔对科学发几句牢骚话,就像富贵人家吃厌了鱼肉,常想尝尝咸菜豆腐的风味;这种反动并没有什么大危险。那光焰万丈的科学,绝不是这几个玄学鬼摇撼得动的。一到中国,便不同了。中国此时还不曾享着科学的赐福,更谈不到科学带来的"灾难"。我们试睁开眼看看:这遍地的乩坛道院,这遍地的仙方鬼照相,这样不发达的交通,这样不发达的实业——我们哪里配排斥科学?至于"人生观",我们只有做官发财的人生观,只有靠天吃饭的人生观,只有求神问卜的人生观,只有《安士全书》的人生观,只有《太上感应篇》的人生观——中国人的人生观还不曾和科学行见面礼呢!我们当这个时候,正苦科学的提倡不够,正苦科学的教育不发达,正苦科学的势力还不能扫除那迷漫全国的乌烟瘴气——不料还有名流学者出来高唱"欧洲科学破产"的喊声,出来把欧洲文化破产的罪名归到科学身上,出来菲薄科学,历数科学家的人生观的罪状,不要科学在人生观上发生影响!信仰科学的人看了这种现状,能不发愁吗?能不大声疾呼出来替科学辩护吗?

这便是这一次"科学与人生观"的大论战所以发生的动机。明白了这个动机,我们方才可以明白这次大论战在中国思想史上占的地位。

二

张君劢的《人生观》原文的大旨是:

> 人生观之特点所在,曰主观的,曰直觉的,曰综合的,曰自由意志的,曰单一性的。惟其有此五点,故科学无论如何发达,而人生观问题之解决,决非科学所能为力,惟赖诸人类之自身而已。

君劢叙述那五个特点时,处处排斥科学,处处用一种不可捉摸的语言——"是非各执,绝不能施以一种试验","无所谓定义,无所谓方法,皆其身良心之所命起而主张之","若强为分析,则必失其真义","皆出于良心之自动,而决非有使之然者"。这样一个大论战,却用一篇处处不可捉摸的论文作起点,这是一件大不幸的事。因为原文处处不可捉摸,故驳论与反驳都容易跳出本题。战线延长之后,战争本意反不很明白了(我常想,假如当日我们用了梁任公先生的《科学万能之梦》一篇作讨论的基础,我们定可以使这次论争的旗帜格外鲜明——至少可以免去许多无谓的纷争)。我们为读者计,不能不把这回论战的主要问题重说一遍。

  君劢的要点是"人生观问题之解决,决非科学所能为力"。我们要答复他,似乎应该先说明科学应用到人生观问题上去,会产生什么样子的人生观;这就是说,我们应该先叙述"科学的人生观"是什么,然后讨论这种人生观是否可以成立,是否可以解决人生观的问题,是否像梁先生说的那样贻祸欧洲,流毒人类。我总观这二十五万字的讨论,终觉得这一次为科学作战的人——除了吴稚晖先生——都有一个共同的错误,就是不曾具体地说明科学的人生观是什么,却去抽象地力争科学可以解决人生观的问题。这个共同的错误原因,约有两种:第一,张君劢的导火线的文章内并不曾像梁任公那样明白指斥科学家的人生观,只是笼统地说科学对于人生观问题无能为力。因此,驳论与反驳论的文章也都走上那"可能与不可能"的笼统讨论上去了。例如丁在君的"玄学与科学"的主要部分只是要证明:

  凡是心理的内容,真的概念推论,无一不是科学的材料。

  然而他却始终没有说出什么是"科学的人生观"。从此以后,许多参战的学者都错在这一点上。如张君劢《再论人生观与科学》只主张:

  "人生观超于科学以上","科学决不能支配人生"。

  如梁任公的《人生观与科学》只说:

  人生关涉理智方面的事项,绝对要用科学方法来解决;关于情感方面的事项,绝对的超科学。

如林宰平的《读丁在君先生的玄学与科学》只是一面承认"科学的方法有益于人生观",一面又反对科学包办或管理"这个最古怪的东西"——人类。如丁在君《答张君劢》也只是说明:

> 这种(科学)方法,无论用在知识界的哪一部分,都有相当的成绩,所以我们对于知识的信用,比对于没有方法的情感要好;凡有情感的冲动都要想用知识来指导他,使他发展的程度提高,发展的方向得当。

如唐擘黄《心理现象与因果律》只证明:

> 一切心理现象都是有因的。

他的《一个痴人的说梦》只证明:

> 关于情感的事项,要就我们的知识所及,尽量用科学方法来解决的。

王抚五的《科学与人生观》也只是说:

> 科学是凭借"因果"和"齐一"两个原理而构造起来的;人生问题无论为生命之观念,或生活之态度,都不能逃出这两个原理的金刚圈,所以科学可以解决人生问题。

直到最后范寿康的《评所谓科学与玄学之争》,也只是说:

> 伦理规范——人生观——一部分是先天的,一部分是后天的。先天的形式是由主观的直觉而得,绝不是科学所能干

涉。后天的内容应由科学的方法探讨而定,绝不是主观所应妄定。

综观以上各位的讨论,人人都在那里笼统地讨论科学能不能解决人生问题或人生观问题。几乎没有一个人明白指出,假使我们把科学适用到人生观上去,应该产生什么样子的人生观,然而这个共同的错误大都是因为君劢的原文不曾明白攻击科学家的人生观,却只悬空武断科学决不能解决人生观问题。殊不知,我们若不先明白科学应用到人生观上去时发生的结果,我们如何能悬空评判科学能不能解决人生观呢?

这个共同的错误——大家规避"科学的人生观是什么"的问题——怕还有第二个原因,就是一班拥护科学的人虽然抽象地承认科学可以解决人生问题,却终不愿公然承认那具体的"纯物质,纯机械的人生观"为科学的人生观。我说他们"不愿",并不是说他们怯懦不敢,只是说他们对于那科学家的人生观还不能像吴稚晖先生那样明显坚决的信仰,所以还不能公然出来主张。这一点确是这一次大论争的一个绝大的弱点。若没有吴老先生把他的"漆黑一团"的宇宙观和"人欲横流"的人生观提出来做个压阵大将,这一场大战争真成了一场混战,只闹得个一哄散场!

关于这一点,陈独秀先生的序里也有一段话,对于作战的先锋大将丁在君先生表示不满意。

独秀说:

他(丁先生)自号存疑的唯心论,这是沿袭赫胥黎、斯宾塞诸人的谬误。你既承认宇宙间有不可知的部分而存疑,科学家展开,且让玄学家来解疑。此所以张君劢说,"既已存疑,则研究形而上界之玄学,不应有丑诋之词"。其实我们对于未发见的物质固然可以存疑,而对于超物质而独立存在并且可以支配物质的什么心(心即是物之一种表现),什么神灵与上帝,我们已无疑可存了。说我们武断也好,说我们专制也好,若无证据给我们看,我们断然不能抛弃我们的信仰。

关于存疑主义的积极的精神,在君自己也曾有明白的声明(《答张君劢》,页二一~二三)。"拿证据来!"一句话确然是有积极精神的。但当赫胥黎等在用这种武器时,究竟还只是消极的防御居多。在十九世纪的英国,在那宗教的权威不曾打破的时代,明明是无神论者也不得不挂一个"存疑"的招牌。但在今日的中国,在宗教信仰向来比较自由的中国,我们如果深信现有的科学证据只能叫我们否认上帝的存在和灵魂的不灭,那么,我们正不妨老实自居为"无神论者"。这样的自称并不算是武断,因为我们的信仰是根据于证据的,等到有神论的证据充足时,我们再改信有神论,也还不迟。我们在这个时候,既不能相信那没有充分证据的有神论,心灵不灭论,天人感应论,……又不肯积极地主张那自然主义的宇宙观,唯物的人生观,……怪不得独秀要说"科学家站开!且让玄学家来解疑"了。吴稚晖先生便不然。他老先生宁可冒"玄学鬼"的恶名,偏要冲到那"不可知的区域"里去打一阵,他希望"那不可知区域里的假设,责成玄学鬼也带着论理色彩去假设着"(《宇宙观及人生观》,第九页)。

这个态度是对的。我们信仰科学的人，正不妨做一番大规模的假设。只要我们的假设处处建筑在已知的事实之上，只要我们认为我们的建筑不过是一种最满意的假设，可以跟着新证据修正的——我们带着这种科学的态度，不妨冲进那不可知的区域里，正如姜子牙展开了杏黄旗，也不妨冲进十绝阵里去试试。

三

我在上文说的，并不是有意挑剔这一次论战场上的各位武士。我的意思只是要说，这一篇论战的文章只做了一个"破题"，还不曾做到"起讲"。至于"余兴"与"尾声"，更谈不到了。破题的工夫，自然是很重要的。丁在君先生的发难，唐擘黄先生等的响应，六个月的时间，二十五万字的煌煌大文，大吹大擂地把这个大问题捧了出来，叫乌烟瘴气的中国知道这个大问题的重要——这件功劳真不在小处！

可是现在真有做"起讲"的必要了。吴稚晖先生的"一个新信仰的宇宙观及人生观"已给我们做下一个好榜样。在这篇《科学与人生观》的"起讲"里，我们应该积极地提出什么叫做"科学的人生观"，应该提出我们所谓"科学的人生观"，好教将来的讨论有个具体的争点。否则你单说科学能解决人生观，他单说不能，势必至于吴稚晖先生说的"张丁之战，便延长了一百年，也不会得到究竟"。因为若不先有一种具体的科学人生观作讨论的底子，今日泛泛地承认科学有解决人生观的可能，是没有用的。等到那"科学的人生观"的具体内容拿出来时,战线上的组合也许要起一个大大的变化。我的朋友朱经农先生是信仰科学"前程不可限量"的,然而他定不能承认无神论是科学的人生观。我的朋友林宰平先生是反对科学包办人生观的,然而我想他一定可以很明白地否认上帝的存在。到了那个具体讨论的时期,我们才可以说是真正开战。那时的反对,才是真反对;那时的赞成,才是真赞成;那时的胜利,才是真胜利。

我还要再进一步说:拥护科学的先生们,你们虽要想规避那"科学的人生观是什么"的讨论,你们终于免不了的。因为他们早已正式对科学的人生观宣战了。梁任公先生的《科学万能之梦》,早已明白攻击那"纯物质的,纯机械的人生观"了。他早已把欧洲大战祸的责任加到那"科学家的新心理学"上去了。张君劢先生在《再论人生观与科学》里,也很笼统地攻击了"机械主义"。他早已说"关于人生之解释与内心之修养,当然以唯心派之言为长"了。科学家究竟何去何从?这时候正是科学家表明态度的时候了。

因此,我们十分诚恳地对吴稚晖先生表示敬意,因为他老先生在这个时候很大胆地把他信仰的宇宙观和人生观提出来,很老实地宣布他的"漆黑一团"的宇宙观和"人欲横流"的人生观。

他在那篇大文章里,很明白地宣言:

> 那种骇得煞人的显赫的名词,上帝呀,神呀,还是取消了好。(第十二页)

很明白地:

> 开除了上帝的名额,放逐了精神元素的灵魂。(第二九页)

很大胆地宣言：

> 我以为动植物且本无感觉，皆止有其质力交推，有其辐射反应，如是而已。譬之于人，其质构而为如是之神经系，即其力生如是之反应。所谓情感，思想，意志等等，就种种反应而强为之名，美其名曰心理，神其事曰灵魂，质直言之曰感觉，其实统不过质力之相应。（第二二～二三页）

他在《人生观》里，很"恭敬地又好像滑稽地"说：

> 人便是外面只剩两只脚，却得到了两只手，内面有三斤二两脑髓，五千零四十八根脑筋，比较占有多额神经系质的动物。（第三九页）

> 生者，演之谓也，如是云尔。（第四十页）

> 所谓人生，便是用手用脑的一种动物，轮到"宇宙大剧场"的第亿垓八京六兆五万七千幕，正在那里出台演唱。（第四七页）

他老先生五年的思想和讨论的结果，给我们这样一个"新信仰的宇宙观及人生观"。他老先生很谦逊地避去"科学的"的尊号，只叫他做"柴积上，日黄中的老头儿"的新信仰。他这个新信仰正是张君劢先生所谓"机械主义"，正是梁任公先生所谓"纯物质的纯机械的人生观"。他一笔勾销了上帝，抹杀了灵魂，戳穿了"人为万物之灵"的玄秘。这才是真正的挑战。我们要看那些信仰上帝的人们出来替上帝向吴老先生作战，我们要看那些信仰灵魂的人们出来替灵魂向吴老先生作战,我们要看那些信仰人生的神秘的人们出来向这"两手动物演戏"的人生观作战,我们要看那些认爱情为玄秘的人们出来向这"全是生理作用,并无丝毫微妙"的爱情观作战。这样的讨论,才是切题的、具体的讨论。这才是真正开火。这样战争的结果,不是科学能不能解决人生的问题了,乃是上帝的有无,鬼神的有无,灵魂的有无等等人生切要问题的解答。

只有这种具体的人生切要问题的讨论才可以发生我们所希望的效果——才可以促进思想上的刷新。

反对科学的先生们!你们以后的作战,请向吴稚晖的《新信仰的宇宙观及人生观》作战。

拥护科学的先生们!你们以后的作战,请先研究吴稚晖的《新信仰的宇宙观及人生观》:完全赞成他的,请准备替他辩护,像赫胥黎替达尔文辩护一样;不能完全赞成他的,请提出修正案,像后来的生物学者修正达尔文主义一样。

从此以后,科学与人生观的战线上的压阵老将吴老先生要倒转来做先锋了!

四

说到这里,我可以回到张丁之战的第一个"回合"了。张君劢说:

"天下古今之最不统一者,莫若人生观。"(《人生观》,第一页)

丁在君说:

人生观现在没有统一是一件事,永久不能统一又是一件事,除非你能提出事实理由来证明他是永远不能统一的,我们总有求他统一的义务。(《玄学与科学》,第三页)

玄学家先存了一个成见,说科学方法不适用于人生观;世界上的玄学家一天没有死完,自然一天人生观不能统一。(第四页)

"统一"一个词,后来很引起一些人的抗议。例如林宰平先生就控告丁在君,说他"要用科学来统一一切",说他"想用科学的武器来包办宇宙"。这种控诉,未免过于张大其词了。在君用的"统一"一个字,不过是沿用君劢文章里的话;他们两位的意思大概都不过是大同小异的一致罢了。依我个人想起来,人类的人生观总应该有一个最低限度的一致的可能。唐擘黄先生说得最好:

人生观不过是一个人对于万物同人类的态度,这种态度是随着一个人的神经构造,经验,知识等而变的。神经构造等就是人生观之因。我举一二例来看。

无因论者以为叔本华(Schopenhauer)、哈德门(Hartmann)的人生观是直觉的,其实他们自己并不承认这事。他们都说根据经验阅历而来的。叔本华是引许多经验作证的,哈德门还要说他的哲学是从归纳法得来的。

人生观是因知识而变的。例如,哥白尼"太阳居中说",同后来的达尔文的"人猿同祖说"发明以后,世界人类的人生观起绝大变动,这是无可疑的历史事实。若人生观是直觉的,无因的,何以随自然界的知识而变更呢?

我们因为深信人生观是因知识经验而变换的,所以深信宣传与教育的效果可以使人类的人生观得着一个最低限度的一致。

最重要的问题是:拿什么东西来做人生观的"最低限度的一致"呢?

我的答案是:拿今日科学家平心静气地,破除成见地,共同承认的"科学的人生观"来做人类人生观的最低限度的一致。

宗教的功效已曾使有神论和灵魂不灭论统一欧洲(其实何止欧洲?)的人生观至千余年之久。假使我们信仰的"科学的人生观"将来靠教育与宣传的功效,也能有"有神论"和"灵魂不灭论"在中世纪欧洲那样的风行,那样的普遍,那也可算是我所谓"大同小异的一致"了。

我们若要希望人类的人生观逐渐做到大同小异的一致,我们应该准备替这个新人生观作长期的奋斗。我们所谓"奋斗",并不是像林宰平先生形容的"摩哈默得式"的武力统一;只是用光明磊落的态度,诚恳的言论,宣传我们的"新信仰",继续不断地宣传,要使今日少数人的信仰逐渐变成将来大多数人的信仰。我们也可以说这是"作战",因为新信仰总免不了和旧信仰冲突的事;但我们总希望作战的人都能尊重对方人格,都能承认那些和我们信仰不同的人不一定都是笨人与坏人,都能在作战之中保持一种"容忍"(Toleration)的态度;我们总希望那些反对我们的新信仰的人,也能用"容忍"的态度来对我们,用研究的态度来考察我们的信仰。我们要认清:我们的真正敌人不是对方;我们的真正敌人是"成见",是"不思想"。我们向旧思想和旧信仰作战,其实只是很诚恳地请求旧思想和旧信仰势力之下的朋友们起来向"成见"和"不思想"作战。凡是肯用思想来考察他的成见的人,都是我们的同盟!

五

总而言之,我们以后的作战计划是宣传我们的新信仰,是宣传我们的新人生观(我所谓"人生观",依唐擘黄先生的解说,包括吴稚晖先生所谓"宇宙观")。这个新人生观的大旨,吴稚晖先生已宣布过了。我们总括他的大意,加上一点扩充和补充,在这里再提出这个新人生观的轮廓:

(一)根据于天文学和物理学的知识,叫人知道空间的无穷之大。

(二)根据于地质学及古生物学的知识,叫人知道时间的无穷之长。

(三)根据于一切科学,叫人知道宇宙及其中万物的运行变迁皆是自然的,自发如此的——正用不着什么超自然的主宰或造物者。

(四)根据于生物的科学的知识,叫人知道生物界的生存竞争的浪费与残酷,因此,叫人更可以明白那"有好生之德"的主宰的假设是不能成立的。

(五)根据于生物学、生理学、心理学的知识,叫人知道人不过是动物的一种,他和别种动物只有程度的差异,并无种类的区别。

(六)根据于生物的科学及人类学、人种学、社会学的知识,叫人知道生物及人类社会演进的历史和演进的原因。

(七)根据于生物的及心理的科学,叫人知道一切心理的现象都是有因的。

(八)根据于生物学及社会学的知识,叫人知道道德礼教是变迁的,而变迁的原因都是可以用科学方法寻求出来的。

(九)根据于新的物理化学的知识,叫人知道物质不是死的,是活的;不是静的,是动的。

(十)根据于生物学及社会学的知识,叫人知道个人——"小我"——是要死灭的;而人类——"大我"——是不死的,不朽的;叫人知道"为全种万世而生活"就是宗教,就是最高的宗教;而那些替个人谋死后的"天堂""净土"的宗教,乃是自私自利的宗教。

这种新人生观是建筑在两三百年的科学常识之上的一个大假设,我们也许可以给它加上"科学的人生观"的尊号。但为避免无谓的争论起见,我主张叫它作"自然主义的人生观"。

在那个自然主义的宇宙里,在那无穷之大的空间里,在那无穷之长的时间里,这个平均高五尺六寸,上寿不过百年的两手动物——人——真是一个貌乎其小的微生物了。在那个自然主义的宇宙里,天行是有常度的,物变是有自然法则的,因果的大法支配着他——人——的一切生活,生存竞争的惨剧鞭策着他的一切行为——这个两手动物的自由真是很有限的了。然而那个自然主义的宇宙里的这个渺小的两手动物却也有他的相当的地位和相当的价值。他用的两手和一个大脑,居然能做出许多器具,想出许多方法,造成一点文化。他不但驯服了许多禽兽,他还能考究宇宙间的自然法则,利用这些法则来驾驭天行,到现在他居然能叫电气给他赶车,以太阳给他送信了。他的智慧的长进就是他的能力的增加,然而智慧的长进却又使他的胸襟扩大,想象力提高。他也曾拜物拜畜生,也曾怕神怕鬼,但他现在渐渐脱离了这种种幼稚的时期,他现在渐渐明白:空间之大只增加他对于宇宙的美感;时间之长只使他格外明了祖宗创业之艰难;天行之有常只增加他制裁自然界的能力。甚至于因果律笼罩一切,也并不见得束缚他的自由,因为因果律的作用一方面使他可以由因求果,由果推因,解释过去,预测未来;一方面又使他可以运用他的智慧,创造新因以求新果。甚至于生存竞争的观念也并不见得就使他成为一个冷酷无情的畜生,也许还可以格外增加他对于同类的同情心,格外使他深信互助的重要,格外使他注重人为的努力以减免天然竞争的残酷与浪费。——总而言之,这个自然主义的人生观里,未尝没有美,未尝没有诗意,未尝没有道德的责任,未尝没有充分运用"创造的智慧"的机会。

我这样粗枝大叶的叙述,定然不能使信仰的读者满意,或使不信仰的读者心服。这个新人生观的满意的叙述与发挥,那正是这本书和这篇序所期望能引起的。

十二,十二,九(中华民国十二年十二月九日,公元 1923 年 12 月 9 日)

(《胡适全集》第二卷,安徽教育出版社 2003 年版)

今天讲的题目,就是"科学的人生观",研究人是什么东西,在宇宙中占据什么地位,人生究竟有何意味。因为少年人近来觉得很烦闷,自杀、颓废的都有,我至少多吃了几斤盐,几担米,所以来计划计划,研究自身人的问题。至于人生观,各人不同,都随环境而改变,不可以一个人的人生观去统理一切;因为公有公理,婆有婆理,我们至少要以科学的立场,去研究它,解决它。

"科学的人生观"有两个意思:第一拿科学做人生观的基础;第二拿科学的态度、精神、方法,做我们生活的态度,生活的方法。

现在先讲第一点,就是人生是什么,人生是啥物事。拿科学的研究结果来讲,我在1913年发表了十条,这十条就是武昌有一个主教,称为新的十诫,说我是中华基督教的危险物的。

十条内容如下:

第一条,要知道空间的大。拿天文、物理考察,得着宇宙之大。从前孙行者翻筋斗,一翻翻到南天门,一翻翻到下界,天的观念,何等的小?现在从地球到银河中间的最近的一个星,中间距离,照孙行者一秒钟翻十万八千里的速率计算,恐怕翻一万万年也翻不到,宇宙是何等的大?地球是宇宙间的沧海之一粟,九牛之一毛;我们人类,更是小,真是不成东西的东西!以前看得人的地位太重了,以为是万物之灵,同大地并行,凡是政治不良,就有彗星、地震的征象,这是错的。从前王充很能见得到,说:"一个虱子不能改变那裤子里的空气,和那人类不能改变皇天一样。"所以我们眼光要大。

第二条,时间是无穷的长。从地质学、生物学的研究,晓得时间是无穷的长,以前开口五千年,闭口五千年,以为目空一切;不料世界太阳系的存在,有几万万年的历史,地球也有几万万年,生物至少有几千万年,人类也有两三百万年,所以五千年占很小的地位。明白了时间之长,就可以看见各种进步的演变,不是上帝一刻可以造成的。

第三条,宇宙间自然的行动。根据了一切科学,知道宇宙、万物都有一定不变的自然行动。"自然自己,也是如此",就是自己自然如此,各物自己如此的行动,并没有一种背后的指示,或是一个主宰去规范他们。明白了这点,对于月食是月亮被天狗所吞的种种迷信,可以打破了。

第四条,物竞天择的原理。从生物学的知识,可以看到物竞天择的原理。鲫鱼下卵有几百万个,但是变鱼的只有几个,否则就要变成"鱼世界"了!大的吃小的,小的又吃更小的,人类都是如此。从此晓得人生不受安排,是自己如此的行动;否则要安排起来,为什么不安排一个完善的世界呢?

第五条,人是什么东西。从社会学、生理学、心理学方面去看,人是什么东西?吴稚晖先生说:"人是两手一个大脑的动物,与其他的不同,只在程度上的区别罢了。"人类的手,与鸡、鸭的掌差不多,实是它们的弟兄辈。

第六条,人类是演进的。根据了人种学来看,人类是演进的;因为要应付环境,所以要慢慢地变,不变不能生存,要灭亡了。所以从下等的动物,慢慢演进到高等的动物,现在还是演进。

第七条,心理受因果律的支配。根据了心理学、生物学来讲,心理现状是有因果律的。思想、做梦,都受因果律的支配,是心理、生理的现象,和头痛一般;所以人的心理说是超过一切,是不对的。

第八条,道德、礼教的变迁。照生理学、社会学来讲,人类道德、礼教也变迁的。以前以为脚小是美观,但是现在脚小要装大了。所以道德、礼教的观念,正在改进。以二十年、二百年或二千年以前的标准,来判断二十年、二百年、二千年后的状况,是格格不相入的。

第九条,各物都有反应。照物理、化学来讲,物质是活的,原子分为电子,是动的。石头倘然加了化学品,就有反应,像人打了一记,就有反动一样。不同的,只在程度不同罢了。

第十条,人的不朽。根据一切科学知识,人是要死的,物质上的腐败,和猫死狗死一般。但是个人不朽的工作,是功德:在立德,立功,立言。善恶都是不朽。一块痰中,有微生物,这菌能散布到空间,使空气都恶化了;人的言语,也是一样。凡是功业、思想,都能传之无穷;匹夫匹妇,都有其不朽的存在。

我们要看破人世间、时间之伟大,历史的无穷,人是最小的动物,处处都在演进,要去掉那小我的主张,但是那小小的人类,居然现在对于制度、政治各种都有进步。

以前都是拿科学去答复一切,现在要用什么方法去解决人生,就是哪种生活?各人有各人的方法,但是,至少要有那科学的方法、精神、态度去做。分四点来讲:

第一,怀疑。第一点是怀疑。三个弗相信的态度,人生问题就很多。有了怀疑的态度,就不会上当。以前我们幼时的知识,都从阿金、阿狗、阿毛等黄包车夫、娘姨处学来;但是现在自己要反省,问问以前的知识是否靠得住?有此态度,对于什么马克斯、牛克斯等主义都不致盲从了。

第二,事实。我们要实事求是,现在像贴贴标语,什么打倒田中义一等,都仅务虚名,像豆腐店里生意不好,看看"对我生财"泄闷一样。又像是以前的画符,一画符病就好的思想。贴了打倒帝国主义,帝国主义就真个打倒了么?这不对,我们应做切实的工作,奋力的做去。

第三,证据。怀疑以后,相信总要相信,但是相信的条件,就是拿凭据来。有了这一句,论理学诸书,都可以不读。赫胥尔的儿子死了以后,宗教家去劝他信教,但是他很坚决地说:"拿有上帝的证据来!"有了这种态度,就不会上当。

第四,真理。朝夕的去求真理,不一定要成功,因为真理无穷,宇宙无穷;我们去寻求,是尽一点责任,希望在总分上,加上万万分之一。胜固是可喜,败也不足忧。明知赛跑,只有一个人第一,我们还要跑去,不是为我为私,是为大家。发明不是为发财,是为人类。英国有一个医生,发明了一种治肺的药,但是因为自秘,就被医学会开除了。

所以科学家是为求真理。庄子虽有"吾生也有涯,而知也无涯,以有涯逐无涯,殆已"的话头,但是我们还要向上做去,得一分就是一分,一寸就是一寸,可以有阿基米德氏发现浮力时叫 Eureka 的快活。有了这种精神,做人就不会失望。所以人生的意味,全靠你自己的工作;你要它圆就圆,方就方,是有意味;因为真理无穷,趣味无穷,进步快活也无穷尽。

15. 读书[1]

---

[1] 原载1925年4月18日《京报副刊》,收入《胡氏文存三集》时,作者作了修改。——编者。

……我今天是要想根据个人所经验,同诸位谈谈读书的方法。我的第一句话是很平常的,就是说,读书有两个要素:第一要精,第二要博。

现在先说什么叫"精"。

我们小的时候读书,差不多每个小孩都有一条书签,上面写十个字,这十个字最普遍的就是"读书三到:眼到,口到,心到。"现在这种书签虽不用,三到的读书法却依然存在。不过我以为读书三到是不够的,须有四到,是:"眼到,口到,心到,手到。"我就拿它来说一说。

眼到是要个个字认得,不可随便放过。这句话起初看去似乎很容易,其实很不容易。读中国书时,每个字的一笔一画都不放过。近人费许多功夫在校勘学上,都因古人忽略一笔一画而已。读外国书要把 ABCD 等字母弄得清清楚楚,所以说这是很难的。如有人翻译英文,把 Port 看做 Pork,把 Oats 看做 Oaks,于是葡萄酒一变而为猪肉,小草变成了大树。说起来这种例子很多,这都是眼睛不精细的结果。书是文字做成的,不肯仔细认字,就不必读书。眼到对于读书的关系很大,一时眼不到,贻害很大,并且眼到能养成好习惯,养成不苟且的人格。

口到是一句一句要念出来。前人说口到是要念到烂熟背得出来。我们现在虽不提倡背书,但有几类的书,仍旧有熟读的必要。如心爱的诗歌,如精彩的文章,熟读多些,于自己的作品上也有良好的影响。……

心到是每章、每句、每字意义如何?何以如是?这样用心考究。但是用心不是叫人枯坐冥想,是要靠外面的设备及思想的方法的帮助。要做到这一点,须要有几个条件:

(一)字典、辞典、参考书等工具要完备。

(二)要做文法上的分析。

(三)有时要比较参考,有时要融会贯通,方能了解。

总之,读书要会疑,忽略过去,不会有问题,便没有进益。

这样看起来,读书要求心到;不要怕疑难,只怕没有疑难。工具要完备,思想要精密,就不怕疑难了。

现在要说手到。手到就是要劳动劳动你的贵手。读书单靠眼到、口到、心到,还不够的;必须还得自己动动手,才有所得。例如:

(一)标点分段,是要动手的。

（二）翻查字典及参考书,是要动手的。

（三）做读书札记,是要动手的。

……

至于动手标点,动手翻字典,动手查书,都是极要紧的读书秘诀,诸位千万不要轻易放过。内中自己动手翻书一项尤为要紧。我记得前几年我曾劝顾颉刚先生标点姚际恒的《古今伪书考》。当初我知道他的生活困难,希望他标点一部书付印,卖几个钱。那部书是很薄的一本,我以为他一两个星期就可以标点完了。哪知顾先生一去半年,还不曾交卷。原来他于每条引的书,都去翻查原书,仔细校对,注明出处,注明原书卷第,注明删节之处。他动手半年之后,来对我说,《古今伪书考》不必付印了,他现在要编辑一部疑古的丛书,叫做《辨伪丛刊》。我很赞成他这个计划,让他去动手。他动手了一两年之后,更进步了,又超过那《辨伪丛刊》的计划了。他要自己创作了。他前年以来,对于中国古史,做了许多辨伪的文字;他眼前的成绩早已超过崔述了,更不要说姚际恒了。顾先生将来在中国史学界的贡献一定不可限量,但我们要知道他成功的最大原因是他的手到工夫勤而精。我们可以说,没有动手不勤快而能读书的,没有手不到而能成学者的。

第二要讲什么叫"博"。

什么书都要读,就是博。古人说:"开卷有益。"我也主张这个意思,所以说读书第一要精,第二要博。我们主张"博"有两个意思:

第一,为预备参考资料计,不可不博。

第二，为做一个有用的人计，不可不博。

第一，为预备参考资料计。

在座的人，大多数是戴眼镜的。诸位为什么要戴眼镜？岂不是因为戴了眼镜，从前看不见的，现在看得见了；从前很小的，现在看得很大了；从前看不分明的，现在看得清楚分明了？王荆公说得最好：

> 世之不见全经久矣。读经而已，则不足以知经。故某自百家诸子之书，至于《难经》《素问》《本草》诸小说，无所不读，农夫女工，无所不问，然后于经为能知其大体而无疑。盖后世学者与先王之时异矣；不如是，不足以尽圣人故也。……致其知而后读，以有所去取，故异学不能乱也。惟其不能乱，故能有所去取者，所以明吾道而已。（答曾子固）

他说："致其知而后读。"又说："读经而已，则不足以知经。"即如《墨子》一书在一百年前，清朝的学者懂得此书还不多。到了近来，有人知道光学、几何学、力学、工程学等，一看《墨子》，才知道其中有许多部分是必须用这些科学的知识方才能懂的。后来有人知道了伦理学、心理学等，懂得《墨子》更多了。读别种书愈多，《墨子》愈懂得多。

……

你要想读佛家唯识宗的书吗？最好多读点伦理学、心理学、比较宗教学、变态心理学。

无论读什么书总要多配几副好眼镜。

你们记得达尔文研究生物进化的故事吗？达尔文研究生物演变的现状,前后凡三十多年,积了无数材料,想不出一个简单贯串的说明。有一天他无意中读马尔萨斯的人口论,忽然大悟生存竞争的原则,于是得着物竞天择的道理,遂成一部破天荒的名著,给后世思想界打开一个新纪元。

所以要博学者,只是要加添参考的材料,要使我们读书时容易得"暗示"。遇着疑难时,东一个暗示,西一个暗示,就不至于呆读死书了。这叫做"致其知而后读"。

第二,为做人计。

专工一技一艺的人,只知一样,除此之外,一无所知。这一类的人影响于社会很少,好有一比,比一根旗杆,只是一根孤拐,孤单可怜。

又有些人广泛博览,而一无所专长,虽可以到处受一班贱人的欢迎,其实也是一种废物。这一类人,也好有一比,比一张很大的薄纸,禁不起风吹雨打。

在社会上,这两种人都是没有什么大影响,为个人计,也很少乐趣。

理想中的学者,既能博大,又能精深。精深的方面,是他的专门学问。博大的方面,是他的旁搜博览。博大要几乎无所不知,精深要几乎唯他独尊,无人能及。他用他的专门学问做中心,次及于直接相关的各种学问,次及于间接相关的各种学问,次及于不很相关的各种学问,以次及于毫不相关的各种泛览。这样的学者,也有一比,比埃及的金字三角塔。那金字塔高四百八十英尺,底边各边长七百六十四英尺。塔的最高度代表最精深的专门学问,从此点以次递减,代表那旁收博览的各种相关或不相关的学问。塔底的面积代表博大的范围,精深的造诣,博大的同情心。这样的人,对社会是极有用的人才,对自己也能充分享受人生的趣味。宋儒程颢说得好:

须是大其心使开阔,譬如为九层之台,须大做脚始得。

博学正所以"大其心使开阔"。我曾把这番意思编成两句精浅的口号,现在拿出来贡献给诸位朋友,作为读书的目标:

为学要如金字塔,要能广大要能高。

十四,四,廿二夜改稿(民国十四年四月廿二日,公元 1925 年 4 月 22 日)

……

青年会叫我在未离南方赴北方之前在这里谈谈,我很高兴,题目是为什么读书。现在读书运动大会,开始,青年会拣定了三个演讲题目。我看第二题目怎样读书很有兴味,第三题目读什么书,更有兴味,第一题目无法讲,为什么读书,连小孩子都知道,讲起来很难为情,而且也讲不好。所以我今天讲这个题目,不免要侵犯其余两个题目的范围,不过我仍旧要为其余两位演讲的人留一些余地。现在我就把这个题目来试一下看。我从前也有过一次关于读书的演讲,后来我把那篇演讲录略事修改,编入三集《文存》里面,那篇文章题目叫做"读书",其内容性质较近于第二题目,诸位可以拿来参考。今天我就来试试《为什么读书》这个题目。

从前有一位大哲学家,做了一篇读书乐,说到读书的好处,他说:"书中自有千钟粟,书中自有黄金屋,书中自有颜如玉。"这意思就是说,读了书可以做大官,获厚禄,可以不至于住茅草房子,可以娶得年轻的漂亮太太(台下哄笑)。诸位听了笑起来,足见诸位对于这位哲学家所说的话不十分满意,现在我就讲所以要读书的别的原因。

为什么要读书?有三点可以讲:第一,因为书是过去已经知道的知识学问和经验的一种记录,我们读书便是要接受这人类的遗产;第二,为要读书而读书,读了书便可以多读书;第三,读书可以帮助我们解决困难,应付环境,并可获得思想材料的来源。我一踏进青年会的大门,就看见许多关于读书的标语。为什么读书?大概诸位看了这些标语就都已知道了,现在我就把以上三点更详细的说一说。

第一,因为书是代表人类老祖宗传给我们的知识的遗产,我们接受了这遗产,以此为基础,可以继续发扬光大,更在这基础之上,建立更高深更伟大的知识。人类之所以与别的动物不同,就是因为人有语言文字,可以把知识传给别人,又传至后人,再加以印刷术的发明,许多书报便印了出来。人的脑很大,与猴不同,人能造出语言,后来更进一步而有文字,又能刻木刻字,所以人最大的贡献就是过去的知识和经验,使后人可以节省许多脑力。非洲野蛮人在山野中遇见鹿,他们就画了一个人和一只鹿以代信,给后面的人叫他们勿追。但是把知识和经验遗给儿孙有什么用处呢？这是有用处的,因为这是前人很好的教训。现在学校里各种教科,如物理,化学,历史,等等,都是根据几千年来进步的知识编纂成书的,一年,两年,或者三年,教完一科。自小学,中学,而至大学毕业,这十六年中所受的教育,都是代表我们老祖宗几千年来得来的知识学问和经验。所谓进化,就是叫人节省劳力。蜜蜂虽能筑巢,能发明,但传下来就只有这一点知识,没有继续去改革改良,以应付环境,没有做格外进一步的工作。人呢,达不到目的,就再去求进步,而以前人的知识学问和经验作参考。如果每样东西,要个个人从头学起,而不去利用过去的知识,那不是太麻烦吗？所以人有了这知识的遗产,就可以自己去成家立业,就可以缩短工作,使有余力做别的事。

第二点稍复杂,就是为读书而读书。读书不是那么容易的一件事情,不读书不能读书,要能读书才能多读书。好比戴了眼镜,小的可以放大,糊涂的可以看得清楚,远的可以变为近。读书也要戴眼镜,眼镜越好,读书的了解力也越大。王安石对曾子固说：

　　读经而已,则不足以知经。

所以他对于《本草》《内经》,小说,无所不读,这样对于经才可以明白一些。王安石说：

　　致其知而后读。

请你们注意,他不说读书以致知,却说,先致知而后读书。读书固然可以扩充知识；但知识越扩充了，读书的能力也越大。这便是"为读书而读书"的意义。

试举诗经作一个例子。从前的学者把《诗经》看做"美""刺"的圣书，越讲越不通。现在的人应该多预备几副好眼镜——民俗学的眼镜，社会学的眼镜，人类学的眼镜，考古学的眼镜，文法学的眼镜，文学的眼镜。眼镜越多越好，越精越好。例如"野有死麕，白茅包之。有女怀春，吉士诱之"，我们若知道比较民俗学，便可以知道打了野兽送到女子家去求婚，是平常的事。又如"钟鼓乐之，琴瑟友之"，也不必说什么文王太姒，只可看作少年男子在女子的门口或窗下奏乐唱和，这也是很平常的事。再从文法方面来观察，像诗经里"之子于归""黄鸟于飞""凤凰于飞"的"于"字，此外，《诗经》里又有几百个的"维"字，还有许多"助词"，"语词"，这些都是有作用而无意义的虚字，但以前的人却从未注意及此。这些字若不明白，诗经便不能懂。再说在《墨子》一书里，有点光学，力学；又有点逻辑，算学，几何学；又有点经济学。但你要懂得光学，才能懂得墨子所说的光；你要懂得各种知识，才能懂得墨子里一些最难懂的文句。总之，读书是为了要读书，多读书更可以读书。最大的毛病就在怕读书，怕读难书。越难读的书我们越要征服它们，把它们作为我们的奴隶或向导，我们才能够打倒难书，这才是我们的"读书乐"。若是我们有了某种科学知识，那么，我们在读书时便能左右逢源。我再说一遍，读书的目的在于读书，要读书越多才可以读书更多。

第三点，读书可以帮助解决困难，应付环境，供给思想材料。知识是思想材料的来源。思想可分作五步:思想的起源是大的疑问。吃饭拉屎不用想,但逢着三岔路口,十字街头那样的环境,就发生困难了。走东或走西,这样做或是那样做,有了困难,才有思想。第二步要把问题弄清,究竟困难在哪一点上。第三步才想到如何解决,这一步,俗话叫做出主意。但主意太多,都采用也不行,必须要挑选;但主意太少,或者竟全无主意,那就更没有办法了。第四步就是要选择一个假定的解决方法。要想到这一个方法能不能解决,若不能,那么,就换一个;若能,就行了。这好比开锁,这一个钥匙开不开,就换一个;假定是可以开的,那问题就解决了。第五步就是证实。凡是有条理的思想都要经过这五步,或是逃不了这五个阶级。科学家要解决问题,侦探要侦探案件,多经过这五步。

  这五步之中,第三步是最重要的关键。问题当前,全靠有主意(Ideas)。主意从哪儿来呢?从学问经验中来。没有知识的人,见了问题,两眼白瞪瞪,抓耳挠腮,一个主意都不来。学问丰富的人,见着困难问题,东一个主意,西一个主意,挤上来,涌上来,请求你录用。读书是过去知识学问经验的记录,而知识学问经验就是要用在这时候,所谓养军千日,用在一朝。否则,学问一点都没有,遇到困难就要糊涂起来。例如达尔文把生物变迁现象研究了几十年,却想不出一个原则去整理他的材料,后来无意中看到马尔萨斯的人口论,说人口是按照几何学级数一倍一倍的增加,粮食是按照数学级数增加。达尔文研究了这原则,忽然触机,就把这原则应用到生物学上去,创了物竞天择的学说。读了经济学的书,可以得着一个解决生物学上的困难问题,这便是读书的功用。古人说"开卷有益",正是此意。读书不是单为文凭功名,只因为书中可以供给学问知识,可以帮助我们解决困难,可以帮助我们思想。又譬如从前的人以为地球是世界的中心,后来天文学家哥白尼却主张太阳是世界的中心,绕着地球而行。据罗素说,哥白尼所以这样的解说,是因为希腊人已经讲过这句话;假使希腊没有这句话,恐怕更不容易有人敢说这句话吧。这也是读书的好处。有一家书店印了一部旧小说叫做《醒世姻缘》,要我作序。这部书是西周生所著的,印好在我家藏了六年,我还不曾考出西周生是谁。这部小说讲到婚姻问题,其内容是这样:有个好老婆,不知何故,后来忽然变坏。作者没有提及解决方法,也没有想到可以离婚,只说是前世作孽,因为在前世男虐待女,女就投生换样子,被压迫者变为压迫者。这种前世作孽,起先相爱,后来忽变的故事,我仿佛什么地方看见过。后来忽然想起《聊斋》一书中有一篇和这相类似的笔记,也是说到一个女子,起先怎样爱着她的丈夫,后来怎样变为凶太太,便想到这部小说大约是蒲留仙或是蒲留仙的朋友做的。去年我看到一本杂记,也说是蒲留仙做的,不过没有多大证据。今年我在北京,才找到证据。这一件事可以解释刚才我所说的第二点,就是读书可以帮助读书,同时也可以解释第三点,就是读书可以供给出主意的来源。当初若是没有主意,到了逢着困难时便要手足无措。所以读书可以解决问题,就是军事,政治,财政,思想等问题,也都可以解决,这就是读书的用处。

我有一位朋友,有一次傍着灯看小说,洋灯装有油,但是不亮,因为灯心短了。于是他想到伊索寓言里有一篇故事,说是一只老鸦要喝瓶中的水,因为瓶太小,得不到水,它就衔石投瓶中,水乃上来,这位朋友是懂得化学的,于是加水于灯中,油乃碰到灯芯。这是看伊索寓言给他看小说的帮助。读书好像用兵,养兵求其能用,否则即使坐拥十万二十万的大兵也没有用处,难道只好等他们"兵变"吗?

至于"读什么书",下次陈钟凡先生要讲演,今天我也附带的讲一讲。我从五岁起到了四十岁,读了三十五年的书。我可以很诚恳地说,中国旧籍是经不起读的。中国有五千年文化,四部的书已是汗牛充栋。究竟有几部书应该读,我也曾经想过。其中有条理有系统的精心结构之作,两千五百年以来恐怕只有半打。"集"是杂货店,"史"和"子"还是杂货店。至于"经",也只是杂货店,讲到内容,可以说没有一些东西可以给我们改进道德增进知识的帮助的。中国书不够读,我们要另开生路,辟殖民地,这条生路,就是每一个少年人必须至少要精通一种外国文字。读外国语要读到有乐而无苦,能做到这地步,书中便有无穷乐趣。希望大家不要怕读书,起初的确要查阅字典,但假使能下一年苦功,继续不断做去,那么,在一二年中定可开辟一个乐园,还只怕求知的欲望太大,来不及读呢。我总算是老大哥,今天我就根据我过去三十五年读书的经验,给你们这一个临别的忠告。

1930.11

16. 我们对于西洋近代文明的态度①

---

① 原载 1926 年 7 月 10 日《现代评论》第四卷第 83 期。又载 1927 年 11 月 27 日、12 月 4 日、12 月 11 日《生活周刊》第 4 至 6 期。——编者

今日最没有根据而又最有毒害的妖言是讥贬西洋文明为唯物的(Materialistic)，而尊崇东方文明为精神的(Spiritual)。这本是很老的见解，在今日却有新兴的气象。从前东方民族受了西洋民族的压迫，往往用这种见解来解嘲，来安慰自己。近几年来，欧洲大战的影响使一部分的西洋人对于近世科学的文化起一种厌倦的反感，所以我们时时听见西洋学者有崇拜东方的精神文明的议论。这种议论，本来只是一时的病态的心理，却正投合东方民族的夸大狂；东方的旧势力就因此增加了不少的气焰。

我们不愿"开倒车"的少年人，对于这个问题不能没有一种彻底的见解，不能没有一种鲜明的表示。

现在高谈"精神文明""物质文明"的人，往往没有共同的标准做讨论的基础，故只能作文字上或表面上的争论，而不能有根本的了解。我想提出几个基本观念来做讨论的标准。

第一，文明(Civilization)是一个民族应付他的环境的总成绩。

第二，文化(Culture)是一种文明所形成的生活的方式。

第三，凡一种文明的造成，必有两个因子：一是物质的(Material)，包括种种自然界的势力与质料；一是精神的(Spiritual)，包括一个民族的聪明才智、感情和理想。凡文明都是人的心思智力运用自然界的质与力的作品；没有一种文明是精神的，也没有一种文明单是物质的。

我想这三个观念是不须详细说明的，是研究这个问题的人都可以承认的。一只瓦盆和一只铁铸的大蒸汽炉，一只舢板船和一只大汽船，一部单轮小车和一辆电力街车，都是人的智慧利用自然界的质力制造出来的文明，同有物质的基础，同有人类的心思才智。这里面只有个精粗巧拙的程度上的差异，却没有根本上的不同。蒸汽铁炉固然不必笑瓦盆的幼稚，单轮小车上的人也更不配自夸他的精神的文明，而轻视电车上人的物质的文明。

因为一切文明都少不了物质的表现，所以"物质的文明"(Material Civilization)一个名词不应该有什么讥贬的涵义。我们说一部摩托车是一种物质的文明，不过单指它的物质的形体；其实一部摩托车所代表的人类的心思智慧绝不亚于一首诗所代表的心思智慧。所以"物质的文明"不是和"精神的文明"反对的一个贬词，我们可以不讨论。

我们现在要讨论的是：（一）什么叫作"唯物的文明"(Materialistic Civilization）；（二）西洋现代文明是不是唯物的文明。

崇拜所谓东方精神文明的人说，西洋近代文明偏重物质上和肉体上的享受，而略视心灵上与精神上的要求，所以是唯物的文明。

我们先要指出这种议论含有灵肉冲突的成见，我们认为错误的成见。我们深信，精神的文明必须建筑在物质的基础之上。提高人类物质上的享受，增加人类物质上的便利与安逸，这都是朝着解放人类的能力的方向走，使人们不至于把精力心思全抛在仅仅生存之上，使他们可以有余力去满足他们的精神上的要求。东方的哲人曾说：

> 衣食足而后知荣辱，仓廪实而后知礼节。

这不是什么舶来的"经济史观"；这是平素的常识。人世的大悲剧是无数的人们终身做血汗的生活，而不能得着最低限度的人生幸福，不能避免冻与饿。人世的更大悲剧是人类的先知先觉者眼看无数人们的冻饿，不能设法增进他们的幸福，却把"乐天""安命""知足""安贫"种种催眠药给他们吃，叫他们自己欺骗自己，安慰自己。西方古代有一则寓言说，狐狸想吃葡萄，葡萄太高了，它吃不着，只好说"我本不爱吃这酸葡萄"！狐狸吃不着甜葡萄，只好说葡萄是酸的。人们享不着物质上的快乐，只好说物质上的享受是不足羡慕的，而贫贱是可以骄人的。这样自欺自慰成了懒惰的风气，又不足为奇了。于是有狂病的人又进一步，索性回过头去，戕残身体、断臂、绝食、焚身，以求那幻想的精神的安慰。从自欺自慰以至于自残自杀，人生观变成了人死观，都是从一条路上来的，这条路就是轻蔑人类的基本的欲望。朝这条路上走,逆天而拂性,必至于养成懒惰的社会。多数人不肯努力以求人生基本欲望的满足,也就不肯进一步以求心灵上与精神上的发展了。

西洋近代文明的特色便是充分承认这个物质的享受的重要。西洋近代文明,依我的鄙见看来,是建筑在三个基本观念之上:

第一,人生的目的是求幸福。

第二,所以贫穷是一桩罪恶。

第三,所以衰病是一桩罪恶。

借用一句东方古话,这就是一种"利用厚生"的文明。因为贫穷是一桩罪恶,所以要开发富源,奖励生产,改良制造,扩张商业。因为衰病是一桩罪恶,所以要研究医药,提倡卫生,讲求体育,防止传染的疾病,改善人种的遗传。因为人生的目的是求幸福,所以要经营安适的起居,便利的交通,洁净的城市,优美的艺术,安全的社会,清明的政治。综观西洋近代的一切工艺、科学、法制,固然其中也不少杀人的利器与侵略掠夺的制度,我们终不能不承认那利用厚生的基本精神。

这个利用厚生的文明,当真忽略了人类心灵上与精神上的要求吗?当真是一种唯物的文明吗?

我们可以大胆地宣言:西洋近代文明决不轻视人类的精神上的要求。我们还可以大胆地进一步说:西洋近代文明能够满足人类心灵上的要求的程度,远非东洋旧文明所能梦见。在这一方面看来,西洋近代文明绝非唯物的,乃是理想主义的(Idealistic),乃是精神的(Spiritual)。

我们先从理智的方面说起。

西洋近代文明的精神方面的第一特色是科学。科学的根本精神在于求真理。人生世间,受环境的逼迫,受习惯的支配,受迷信与成见的拘束。只有真理可以使你自由,使你强有力,使你聪明圣智;只有真理可以使你打破你的环境里的一切束缚,使你戡天,使你缩地,使你天不怕,地不怕,堂堂地做一个人。

求知是人类天生的一种精神上的最大要求。东方的旧文明对于这个要求,不但不想满足它,并且常想裁制它,断绝它。所以东方古圣人劝人要"无知",要"绝圣弃智",要"断思维",要"不识不知,顺帝之则"。这是畏难,这是懒惰。这种文明,还能自夸可以满足心灵上的要求吗?

东方的懒惰圣人说:"吾生也有涯,而知也无涯,以有涯逐无涯,殆已。"所以他们要人静坐澄心,不思不虑,而物来顺应。这是自欺欺人的诳语,这是人类的夸大狂。真理是深藏在事物之中的,你不去寻求探讨,它决不会露面。科学的文明教人训练我们的官能智慧,一点一滴地去寻求真理,一丝一毫不放过,一铢一两地积起来。这是求真理的唯一法门。自然(Nature)是一个最狡猾的妖魔,只有敲打逼拶可以逼它吐露真情。不思不虑的懒人只好永远做愚昧的人,永远走不进真理之门。

东方的懒人又说:"真理是无穷尽的,人的求知的欲望如何能满足呢?"诚然,真理是发现不完的。但科学决不因此而退缩。科学家明知真理无穷，知识无穷，但他们仍然有他们的满足——进一寸有一寸的愉快，进一尺有一尺的满足。两千多年前，一个希腊哲人思索一个难题，想不出道理来。有一天，他跳进浴盆去洗澡，水涨起来，他忽然明白了，他高兴极了，赤裸裸地跑出门去，在街上乱嚷道："我寻着了！我寻着了！"（Eureka! Eureka!）这是科学家的满足。Newton Pasteur 以至于 Edison 时时有这样的愉快。一点一滴都是进步，一步一步都可以踌躇满志。这种心灵上的快乐是东方的懒圣人所梦想不到的。

这里正是东西文化的一个根本不同之点，一边是自暴自弃的不思不虑，一边是继续不断地寻求真理。

朋友们，究竟是哪一种文化能满足你们的心灵上的要求呢？

其次，我们且看看人类的情感与想象力上的要求。

文艺，美术，我们可以不谈，因为东方的人，凡是能睁开眼睛看世界的，至少还都能承认西洋人并不曾轻蔑了这两个重要的方面。

我们来谈谈道德与宗教罢。

近世文明在表面上还不曾和旧宗教脱离关系，所以近世文化还不曾明白建立它的新宗教新道德。但我们研究历史的人不能不指出近世文明自有它的新宗教与新道德。科学的发达提高了人类的知识，使人们求知的方法更精密了，评判的能力也更进步了，所以旧宗教的迷信部分渐渐被淘汰到最低限度，渐渐地连那最低限度的信仰——上帝的存在与灵魂的不灭——也发生疑问了。所以这个新宗教的第一特色是它的理智化。近世文明仗着科学的武器，开辟了许多新世界,发现了无数新真理,征服了自然界的无数势力,叫电气赶车,叫以太送信,真个做出种种动地掀天的大事业来。人类的能力的发展使他渐渐增加对于自己的信仰心,渐渐把向来信天安命的心理变成信任人类自己的心理。所以这个新宗教的第二特色是它的人化。知识的发达不但抬高了人的能力,并且扩大了他的眼界,使他胸襟阔大,想象力高远,同情心浓挚。同时,物质享受的增加使人有余力可以顾到别人的需要与痛苦。扩大了的同情心加上扩大了的能力,遂产生了一个空前的社会化的新道德,所以这个新宗教的第三特色就是它的社会化的道德。

古代的人因为想求得感情上的安慰,不惜牺牲理智上的要求,专靠信心(Faith),不问证据,于是信鬼,信神,信上帝,信天堂,信净土,信地狱。近世科学便不能这样专靠信心了。科学并不菲薄感情上的安慰;科学只要求一切信仰需要禁得起理智的评判,需要有充分的证据。凡没有充分证据的,只可存疑,不足信仰。赫胥黎(Huxley)说得最好:

> 如果我对于解剖学上或生理学上的一个小小困难,必须要严格的不信任一切没有充分证据的东西,方才可望有成绩,那么,我对于人生的奇秘的解决,难道就可以不用这样严格的条件吗?

这正是十分尊重我们的精神上的要求。我们买一亩田,卖二间屋,尚且要一张契据;关于人生的最高希望的根据,岂可没有证据就胡乱信仰吗?

这种"拿证据来"的态度,可以称为近世宗教的"理智化"。

从前人类受自然的支配,不能探讨自然界的秘密,没有能力抵抗自然的残酷,所以对于自然常怀着畏惧之心。拜物,拜畜生,怕鬼,敬神,"小心翼翼,昭事上帝",都是因为人类不信任自己的能力,不能不倚靠一种超自然的势力。现代的人便不同了。人的智力居然征服了自然界的无数智力,上可以飞行无碍,下可以潜行海底,远可以窥算星辰,近可以观察极微。这个两只手一个大脑的动物——人——已成了世界的主人翁,他不能不尊重自己了。一个少年的革命诗人曾这样的歌唱:

> 我独自奋斗,胜败我独自承当,
> 我用不着谁来放我自由,
> 我用不着什么耶稣基督
> 妄想他能替我赎罪替我死。

> I fight alone and win or sink,
> I need no one to make me free,
> I want no Jesus Christ to think
> That he could ever die for me.

这是现代人化的宗教。信任天不如信任人,靠上帝不如靠自己。我们现在不妄想什么天堂天国了,我们要在这个世界上建造"人的乐国"。我们不妄想做不死的神仙了,我们要在这个世界上做个活泼健全的人。我们不妄想什么四禅定六神通了,我们要在这个世界上做个有聪明智慧可以戡天缩地的人。我们也许不轻易信仰上帝的万能了，我们却信仰科学的方法是万能的，人的将来是不可限量的。我们也许不信灵魂的不灭了，我们却信人格是神圣的，人权是神圣的。

这是近世宗教的"人化"。但最重要的要算近世道德宗教的"社会化"。

古代的宗教大抵注重个人的拯救，古代的道德也大抵注重个人的修养。虽然也有自命普度众生的宗教，虽然也有自命兼济天下的道德，然而终苦于无法下手，无力实行，只好仍旧回到个人的身心上用工夫，做那向内的修养。越向内做工夫，越看不见外面的现实世界；越在那不可捉摸的心性上玩把戏，越没有能力应付外面的实际问题。即如中国八百年的理学工夫居然看不见两万万妇女缠足的惨无人道！明心见性，何补于人道的苦痛困穷！坐禅主敬，不过造成许多"四体不勤，五谷不分"的废物！

近世文明不从宗教下手，而结果自成一个新宗教；不从道德入门，而结果自成一派新道德。十五、十六世纪的欧洲国家简直都是几个海盗的国家，哥伦布（Columbus）、马汲伦（Magellan）、都芮克（Drake）一班探险家都只是一些大海盗。他们的目的只是寻求黄金，白银，香料，象牙，黑奴。然而这班海盗和海盗带来的商人开辟了无数新地，开拓了人的眼界，抬高了人的想象力，同时又增加了欧洲的富力。工业革命接着起来，生产的方法根本改变了，生产的能力更发达了。两三百年间，物质上的享受逐渐增加，人类的同情心也逐渐扩大。这种扩大的同情心便是新宗教新道德的基础。自己要争自由，同时便想到别人的自由，所以不但自由须以不侵犯他人的自由为界限，并且还进一步要要求绝大多数人的自由。自己要享受幸福，同时便想到他人的幸福，所以乐利主义（Utilitarianism）的哲学家便提出"最大多数的最大幸福"的标准来做人类社会的目的。这都是"社会化"的趋势。

十八世纪的新宗教信条是自由，平等，博爱。十九世纪中叶以后的新宗教信条是社会主义。这是西洋近代的精神文明，这是东方民族不曾有过的精神文明。

固然东方也曾有主张博爱的宗教，也曾有公田均产的思想。但这些不过是纸上的文章，不曾实地变成社会生活的重要部分，不曾变成范围人生的势力，不曾在东方文化上发生多大的影响。在西方便不然了。"自由，平等，博爱"成了十八世纪的革命口号。美国的革命，法国的革命，一八四八年全欧洲的革命运动，一八六二年的南北美战争，都是在这三大主义的旗帜之下的大革命。美国的宪法，法国的宪法，以至于南美洲诸国的宪法，都是受了这三大主义的绝大影响的。旧阶级的打倒，专制政体的推翻，法律之下人人平等的观念的普遍，"信仰，思想，言论，出版"几大自由的保障的实行，普及教育的实施，妇女的解放，女权的运动，妇女参政的实现……都是这个新宗教新道德的实际的表现。这不仅仅是三五个哲学家书本子里的空谈；这都是西洋近代社会政治制度的重要部分，这都已成了范围人生，影响实际生活的大势力。

十九世纪以来，个人主义的趋势的流弊渐渐暴白于世了，资本主义之下的苦痛也渐渐明了了。远识的人知道自由竞争的经济制度不能达到真正"自由,平等,博爱"的目的。向资本家手里要求公道的待遇,等于"与虎谋皮"。救济的方法只有两条大路:一是国家利用其权力,实行裁制资本家,保障被压迫的阶级;一是被压迫的阶级团结起来,直接抵抗资产阶级的压迫与掠夺。于是各种社会主义的理论与运动不断地发生。西洋近代文明本建筑在个人求幸福的基础之上,所以向来承认"财产"为神圣的人权之一。但十九世纪中叶以后,这个观念根本动摇了;有的人竟说"财产是贼赃",有的人竟说"财产是掠夺"。现在私有财产制虽然还存在,然而国家可以征收极重的所得税和遗产税,财产久已不许完全私有了。劳动是向来受贱视的;但资本集中的制度使劳工有大组织的可能,社会主义的宣传与阶级的自觉又使劳工觉悟团结的必要,于是几十年之中有组织的劳动阶级遂成了社会上最有势力的分子。十年以来,工党领袖可以执掌世界强国的政权,同盟总罢工可以屈服最有势力的政府,俄国的劳农阶级竟做了全国的专政阶级。这个社会主义的大运动现在还正在进行的时期,但它的成绩已很可观了。各国的"社会立法"(Social Legislation)的发达,工厂的视察,工厂卫生的改良,儿童工作与妇女工作的救济,红利分配制度的推行,缩短工作时间的实行,工人的保险,合作制之推行,最低工资(Minimum Wage)的运动,失业的救济,级进制的(Progressive)所得税与遗产税的实行……这都是这个大运动已经做到的成绩。这也不仅仅是纸上的文章,这也都已成了近代文明的重要部分。

这是"社会化"的新宗教与新道德。

东方的旧脑筋也许要说:"这是争权夺利,算不得宗教与道德。"这里又正是东西文化的一个根本不同之点。一边是安分,安命,安贫,乐天,不争,认吃亏;一边是不安分,不安贫,不肯吃亏,努力奋斗,继续改善现成的境地。东方人见人富贵,说他是"前世修来的";自己贫,也说是"前世不曾修",说是"命该如此"。西方人便不然。他说:"贫富的不平等,痛苦的待遇,都是制度的不良的结果,制度是可以改良的。"他们不是争权夺利,他们是争自由,争平等,争公道;他们争的不仅仅是个人的私利,他们奋斗的结果是人类绝大多数人的福利。最大多数人的最大幸福,不是袖手念佛号可以得来的,是必须奋斗力争的。

朋友们,究竟是哪一种文化能满足你们的心灵上的要求呢?

我们现在可综合评判西洋近代的文明了。这一系的文明建筑在"求人生幸福"的基础之上,确然替人类增进了不少的物质上的享受;然而他也确然很能满足人类精神上的要求。他在理智的方面,用精密的方法,继续不断地寻求真理,探索自然界无穷的秘密。他在宗教道德的方面,推翻了迷信的宗教,建立合理的信仰,打倒了神权,建立人化的宗教;抛弃了那不可知的天堂净土,努力建设"人的乐国""人世的天堂";丢开了那自称的个人灵魂的超拔,尽量用人的新想象力和新智力去推行那充分社会化了的新宗教与新道德,努力谋人类最大多数的最大幸福。

东方的文明的最大特色是知足。西洋的近代文明的最大特色是不知足。

知足的东方人自安于简陋的生活,故不求物质享受的提高;自安于愚昧,自安于"不识不知",故不注意真理的发现与技艺器械的发明;自安于现成的环境与命运,故不想征服自然,只求乐天安命,不想改革制度,只图安分守己,不想革命,只做顺民。

这样受物质环境的拘束与支配不能跳出来,不能运用人的心思智力来改造环境改良现状的文明,是懒惰不长进的民族的文明,是真正唯物的文明。这种文明只可以遏抑而决不能满足人类精神上的要求。

西方人大不然。他们说"不知足是神圣的"(Divine Discontent)。物质上的不知足产生了今日钢铁世界,汽机世界,电力世界。理智上的不知足产生了今日的科学世界。社会政治制度上的不知足产生了今日的民权世界,自由政体,男女平权的社会,劳工神圣的喊声,社会主义的运动。神圣的不知足是一切革新一切进化的动力。

这样充分运用人的聪明智慧来寻求真理以解放人的心灵,来制服天行以供人用,来改造物质的环境,来改革社会政治的制度,来谋人类最大多数的最大幸福——这样的文明应该能满足人类精神上的要求;这样的文明是精神的文明,是真正理想主义的(Idealistic)文明,绝不是唯物的文明。

固然,真理是无穷的,物质上的享受是无穷的,新器械的发明是无穷的,社会制度的改善是无穷的。但格一物有一物的愉快,革新一器有一器的满足,改良一种制度有一种制度的满意。今日不能成功的,明日明年可以成功;前人失败的,后人可以继续助成。尽一分力便有一分的满意,无穷的进境上,步步都可以给努力的人充分的愉快。所以大诗人邓内孙（Tennyson）借古英雄 Ulysses 的口气歌唱道:

然而人的阅历就像一座穹门,

从那里露出那不曾走过的世界,

越走越远,永远望不到他的尽头。

半路上不干了,多么沉闷呵!

明晃晃的快刀为什么甘心上锈!

难道留得一口气就算得生活了?

……

朋友们,来罢!

去寻一个更新的世界是不会太晚的。

……

用掉的精力固然不回来了,剩下的还不少呢。

现在虽然不是从前那样掀天动地的身手了,

然而我们毕竟还是我们——

光阴与命运颓唐了几分壮志!

终止不住那不老的雄心,

去努力,去探寻,去发见,

永不退让,不屈服。

一五,六,六（民国一五年六月六日,1926 年 6 月 6 日）

17. 麻将①

---

① 出自《漫游的感想》。《漫》共六篇并一篇后记。本文为其中之六。《漫》原载1927年8月13日、20日和9月17日《现代评论》第六卷第104、141、145期,《后记》为收入《胡适文存三集》时所加。

前几年,麻将牌忽然行到海外,成为出口货的一宗。欧洲与美洲的社会里,很有许多人学打麻将的;后来日本也传染到了。有一个时期,麻将竟成了西洋社会里最时髦的一种游戏:俱乐部里差不多桌桌都是麻将,书店里出了许多种研究麻将的小册子,中国留学生没有钱的可以靠教麻将吃饭挣钱。欧美人竟发了麻将狂热了。

谁也梦想不到东方文明征服西洋的先锋队却是那一百三十六个麻将军!

这回我从西伯利亚到欧洲,从欧洲到美洲,从美洲到日本,十个月之中,只有一次在日本京都的一个俱乐部里看见有人打麻将牌。在欧美简直看不见麻将了。我曾问过欧洲和美国的朋友,他们说"妇女俱乐部里,偶然还可以看见一桌两桌打麻将的,但那是很少的事了"。我在美国人家里,也常看见麻将牌盒子——雕刻装潢很精致的——陈列在室内,有时一家竟有两三副的。但从不见主人主妇谈起麻将,他们从不向我这位麻将国的代表请教此中的玄妙!麻将在西洋已成了架上的古玩了,麻将的狂热已退凉了。

我问一个美国朋友,为什么麻将的狂热过去的这样快?他说:"女太太们喜欢麻将,男子们却很反对,终于是男子们战胜了。"

这是我们意想得到的。西洋的勤劳奋斗的民族决不会做麻将的信徒,决不会受麻将的征服。麻将只是我们这种好闲爱荡,不爱惜光阴的"精神文明"的中华民族的专利品。

当明朝晚年,民间盛行一种纸牌,名为"马吊"。马吊只有四十张牌,有一文至九文,一千至九千,一万至九万等,等于麻将牌的筒子、条子、万子。还有一张"零",即是"白板"的祖宗。还有一张"千万",即是徽州纸牌的"千万"。马吊牌上每张上画有《水浒传》的人物。徽州纸牌上的"王英"即是矮脚虎王英的遗迹。乾隆嘉庆间人汪师韩的全集里收有几种明人的马吊牌(在《<u>丛睦汪氏丛书</u>》内)。

马吊在当日风行一时,士大夫整日整夜的打马吊,把正事都荒废了。所以明亡之后,吴梅村作《绥寇纪略》说,明之亡是亡于马吊。

三百年来,四十张的马吊逐渐演变,变成每样五张的纸牌,近七八十年中又变为每样四张的麻将牌(马吊三人对一人,故名"马吊脚",省称"马吊";"麻将"为"麻雀"的音变,"麻雀"为"马脚"的音变。)越变越繁复巧妙了,所以更能迷惑人心,使国中的男男女女,无论富贵贫贱,不分日夜寒暑,把精力和光阴葬送在这一百三十六张牌上。

英国的"国戏"是 Cricket,美国的国戏是 Baseball,日本的国戏是角抵。中国呢？中国的国戏是麻将。

麻将平均每四圈费时约两点钟。少说一点，全国每日只有一百万桌麻将，每桌只打八圈，就得费四百万点钟，就是损失十六万七千日的光阴，金钱的输赢，精力的消磨，都还在外。

我们走遍世界，可曾看见哪一个长进的民族，文明的国家肯这样荒时废业的吗？一个留学日本朋友对我说："日本人的勤苦真不可及！到了晚上，登高一望，家家板屋里都是灯光。灯光之下，不是少年人跪着读书，便是老年人跪着翻书，或是老妇人跪着做活计。到了天明，满街上，满电车上都是上学去的儿童。单只这一点勤苦就可以征服我们了。"

其实何止日本？凡是长进的民族都是这样的。只有咱们这种不长进的民族以"闲"为幸福，以"消闲"为急务，男人以打麻将为消闲，女人以打麻将为家常，老太婆以打麻将为下半生的大事业！

从前的革新家说中国有三害：鸦片，八股，小脚。鸦片虽然没禁绝，总算是犯法的了。虽然还有做"洋八股"与更时髦的"党八股"的，但八股的四书文是过去的了。小脚也差不多没有了。只有这第四害——麻将，还是日兴月盛，没有一点衰歇的样子，没有人说它是可以亡国的大害。新近麻将先生居然大摇大摆地跑到西洋去招摇一次，几乎做了鸦片与杨梅疮的还敬礼物。但如今它仍旧缩回来了，仍旧回来做东方精神文明的国家的国粹国戏！

1927.8

18. 关于人生[①]

---

① 原载 1928 年 8 月 5 日《生活周刊》第三卷第 38 期。

一、答某君书

"人生有何意义?"其实这个问题是容易解答的。人生的意义全是各人自己寻出来,造出来的:高尚、卑劣、清贵、污浊、有用、无用……全靠自己的作为。生命本身不过是一件生物学的事实,有什么意义可说?生一个人与一只猫,一只狗,有什么分别?人生的意义不在于何以有生,而在于自己怎样生活。你若情愿把这六尺之躯葬送在白昼做梦之上,那就是你这一生的意义。你若发愤振作起来,决心去寻求生命的意义,去创造自己的生命的意义,那么,你活一日便有一日的意义,做一事便添一事的意义,生命无穷,生命的意义也无穷了。

总之,生命本没有意义,你要能给它什么意义,它就有什么意义。与其终日冥想人生有何意义,不如试用此生做点有意义的事。……

1928.1.27

二、为人写扇子的话

> 知世如梦无所求,无所求心普空寂。
> 还似梦中随梦境,成就河沙梦功德。

王荆公小诗一首,真是有得于佛法的话。认得人生如梦,故无所求。但无所求不是无为。人生固然不过一梦,但一生只有这一场做梦的机会,岂可不努力做一个轰轰烈烈像个样子的梦?岂可糊糊涂涂懵懵懂懂混过这几十年吗?

1929.5.13

……

每个人可以说都有一种"人生观",我是以先几十年的经验,提供几点意见,供大家思索参考。

很多人认为个人主义是洪水猛兽,是可怕的,但我所说的是个平平常常,健全而无害的。干干脆脆的个人主义的出发点,不是来自西洋,也不是完全中国的。中国思想上具有健全的个人主义思想,可以与西洋思想互相印证。王安石是个一生自己刻苦,而替国家谋安全之道,为人民谋福利的人,当为非个人主义者。但从他的诗文可以找出他个人主义的人生观,为己的人生观。因为他曾将古代极端为我的杨朱与提倡兼爱的墨子相比。在文章中说：

> 为己是学者之本也，为人是学者之末也。学者之事必先为己为我，其为己有余，则天下事可以为人，不可不为人。

这就是说，一个人在最初的时候应该为自己，在为自己有余的时候，就该为别人，而且不可不为别人。

十九世纪的易卜生，他晚年曾给一位年轻的朋友写信说：

> 最期望于你的只有一句话，希望你能做到真实的、纯粹的为我主义，要你有时觉得天下事只有自己最重要，别人不足想，你要想有益于社会最好的办法，就是把你自己这块材料铸成器。

另外一部自由主义的名著《自由论》，有一章"个性"，也一再的讲人最可贵的是个人的个性，这些话，便是最健全的个人主义。一个人应该把自己培养成器，使自己有了足够的知识、能力与感情之后，才能再去为别人。

孔子的门人子路，有一天问孔子说："怎样才能做成一个君子？"孔子回答说："修己以敬。"这句话的意思，也就是要把自己慎重的培养、训练、教育好的意思。"敬"在古文解释为慎重。子路又说，这样够了吗？孔子回答说："修己以安人。"这句话的意思，就是先把自己培养、训练、教育好了，再为别人。子路又问，这样够了吗？孔子回答说："修己以安百姓。修己以安百姓，尧舜其犹病诸？"这句话的意思就是培养、训练、教育好了自己，再去为百姓，培养好了自己再去为百姓,就是圣人如尧舜,也很不易做到。孔子这一席话,也是以个人主义为起点的。自此可见,从十九世纪到现在,从现在回到孔子时代,差不多都是以修身为本。修身就是把自己训练、培养、教育好。因此个人主义并不是可怕的,尤其是年轻人确立一个人生观,更是需要慎重地把自己这块材料培养、训练、教育成器。

我认为最值得与年轻人谈的便是知识的快乐。一个人怎样能使生活快乐。人生是为追求幸福与快乐的,《美国独立宣言》中曾提及三种东西,即是(一)生命,(二)自由,(三)追求幸福。但是人类追求的快乐范围很广,例如财富、婚姻、事业、工作,等等。但是一个人的快乐,是有粗有细的,我在幼年的时候不用说,但自从有知以来,就认为,人生的快乐,就是知识的快乐,做研究的快乐,找真理的快乐,求证据的快乐。从求知识的欲望与方法中深深体会到人生是有限,知识是无穷的,以有限的人生,去探求无穷的知识,实在是非常快乐的。

两千年前有一位政治家问孔子门人子路说,你的老师是个怎样的人,子路不答。后来孔子知道了,说:"你为什么不告诉他,你的老师'其为人也,发愤忘食,乐以忘忧,不知老之将至'。"从孔子这句话,可以体会到知识的乐趣,希腊科学家阿基米德在澡堂洗澡时,想出了如何分析皇冠的金子成分的方法,高兴得赤身从澡堂里跳了出来,沿街跑去,口中喊着:"我找到了,我找到了。"这就是说明知识的快乐,一旦发现证据或真理的快乐。英国两位大诗人勃朗宁和丁尼生有两首诗,都是代表十九世纪冒险的,追求新的知识的精神。

最后谈谈社会的宗教说。一个人总是有一种制裁的力量的,相信上帝的人,上帝是他的制裁力量。我们古代讲孝,于是孝便成了宗教,成了制裁。现在台湾宗教很发达,有人信最高的神,有人信很多的神,许多人为了找安慰都走上宗教的道路。我说的社会宗教,乃是一种说法,中国古代有此种观念,就是三不朽:立德,是讲人格与道德;立功,就是建立功业;立言,就是思想语言。在外国也有三个,就是 Worth,Work,Words。这三个不朽,没有上帝,亦没有灵魂,但却不十分民主。究竟一个人要立德、立功、立言到何种程度,我认为范围必须扩大,因为人的行为无论为善为恶都是不朽的。我国的古语"流芳百世,遗臭万年",便是这个意思。……因此,我们的行为,一言一动,均应向社会负责,这便是社会的宗教,社会的不朽……我们千万不能叫我们的行为在社会上发生坏的影响,因为即使我们死了,我们留下的坏的影响仍是永久存在的。"我们要一出言不敢忘社会的影响,一举步不敢忘社会的影响。"即使我们在社会上留一白点,但我们也绝对不能留一点污点,社会即是我们的上帝,我们的制裁者。

19. 慈幼的问题

我的一个朋友对我说过一句很深刻的话:"你要看一个国家的文明,只消考察三件事:第一,看他们怎样待小孩子;第二,看他们怎样待女人;第三,看他们怎样利用闲暇的时间。"

这三点都很扼要,只可惜我们中国禁不起这三层考察。这三点之中,无论哪一点都可以宣告我们这个国家是最野蛮的国家。我们怎样待孩子?我们怎样待女人?我们怎样用我们的闲暇工夫?——凡有夸大狂的人,凡是夸大我们的精神文明的人,都不可不想想这三件事。

其余两点,现今且不谈,我们来看看我们怎样待小孩子。

从生产说起。我们到今天还把生小孩看做最污秽的事,把产妇的血污看做最不净的秽物。血污一冲,神仙也会跌下云头!这大概是野蛮时代遗传下来的迷信。但这种迷信至今还使绝大多数的人们避忌产小孩的事,所以"接生"的事至今还在绝无知识的产婆的手里,手术不精,工具不备,消毒的方法全不讲究,救急的医药全不知道。顺利地生产有时还不免危险,稍有危难的征候便是有百死而无一生。

生下来了,小孩子的卫生又从来不讲究。小孩总是跟着母亲睡,哭时便用奶头塞住嘴,再哭时便摇他,再哭时便打他。饮食从没有分量,疾病从不知隔离。有病时只会拜神许愿,求仙方,叫魂,压邪。中国小孩的长大全是靠天,只是侥幸长大,全不是人事之功。

小孩出痘出花,都没有科学的防卫,供一个"麻姑娘娘",供一个"花姑娘娘",避避风,忌忌口。小孩子若安全过去了,烧香谢神;小孩若遇了危险,这便是"命中注定"!

普通人家的男孩子固然没有受良好教育的机会,女孩子便更痛苦了。女孩子到了四五岁,母亲便把她的脚裹扎起来,小孩疼得号哭叫喊,母亲也是眼泪直滴。但这是为女儿的终身打算,不可避免的,所以母亲噙着眼泪,忍着心肠,紧紧地扎缚,密密地缝起,总要使骨头扎断,血肉干枯,变成三四寸的小脚,然后父母才算尽了责任,女儿才算有了做女人的资格!

孩子到了六七岁以上,女孩子固然不用进学堂去受教育,男孩子受的教育也只是十分野蛮的教育。女孩在家里裹小脚,男孩在学堂念死书。怎么"念死书"呢?他们的文字都是死人的文字,字字句句都要翻译才能懂,有时候翻译出来还不能懂。例如《三字经》上的"苟不教",我们小孩子念起来只当是"狗不叫",先生却说是"倘使不教训"。又如《千字文》上的"天地玄黄，宇宙洪荒"，我从五岁时读起，现在做了十年大学教授，还不懂得这八个字究竟说的是什么话！所以叫做"念死书"。

因为念的是死书，所以要下死劲去念。我们做小孩子时候，天刚亮，便进学堂去"上早学"，空着肚子，鼓起喉咙，念三四个钟头才回去吃早饭。从天亮直到天黑，才得回家。晚上还要"念夜书"。这种生活实在太苦了，所以许多小孩子都要逃学。逃学的学生，捉回来之后，要受很严厉的责罚，轻的打手心，重的打屁股。有许多小孩子身体不好的，往往有被学堂磨折死的，也有得神经病终身的。这是我们怎样待小孩子！……

我以为慈幼事业在今日有这些问题：

（一）产科医院和"巡行产科护士"（Visiting Nurses）的提倡。产科医院的设立应该作为每县每市的建设事业的最紧急部分，这是毫无可疑的。但欧美的经验使我们知道下等社会的妇女对于医院往往不肯信任，她们总不肯相信医院是为她们贫人设的，她们对于产科医院尤其怀疑畏缩。所以有"巡行护士"的法子，每一区区域内有若干护士到人家去访问视察，得到孕妇的好感，解释她们的怀疑，帮助她们解除困难，指点她们讲究卫生。这是慈幼事业的根本要着。

（二）儿童卫生固然重要，但儿童卫生只是公共卫生的一个部分。提倡公共卫生即是增进儿童卫生。公共卫生不完备，在蚊子苍蝇成群的空气里，在臭水沟和垃圾堆的环境里，在浓痰满地病菌飞扬的空气里，而空谈慈幼运动，岂不是一个大笑话？

（三）女子缠足的风气在内地还不曾完全消灭，这也是慈幼运动应该努力的一个方向。

（四）慈幼运动的中心问题是养成有现代知识训练的母亲。母亲不能慈幼，或不知怎样慈幼，则一切慈幼运动都无一是处。现在的女子教育似乎很忽略这一方面，故受过中等教育的女子往往不知道怎样养育孩子。上月西湖博览会的卫生馆有一间房子墙上陈列许多产科卫生的图画和传染病的图画。我看见一些女学生进来参观，她们见了这种图画往往掩面飞跑而过。这是很可惜的。女子教育的目的固然是要养成能独立的"人"，同时也不能不养成做妻做母的知识。从前昏谬的圣贤说，"未有学养子而后嫁者也"。现在我们正要个个女子先学养子，学教子，学怎样保卫儿童的卫生，然后谈恋爱，择伴侣。故慈幼运动应该注重：(1) 女学的扩充，(2) 女子教育的改善。

（五）儿童的教育应该根据儿童生理和心理。这是慈幼运动的一个基本原则。向来的学堂完全违背儿童心理，只教儿童念死书，下死劲。近年的小学全用国语教课，减少课堂工作，增加游戏运动，固然是一大进步。但我知道各地至今还有许多小学校不肯用国语课本，或用国语课本而另加古文课本，甚至于强迫儿童在小学二三年级作文言文，这是明明违背民国十一年以来的新学制，并且根本不合儿童生理和心理。慈幼的意义是改善儿童的待遇，提高儿童的幸福。这种不合儿童生理和心理的学校，便是慈幼运动的大仇敌，因为他们的行为便是虐待儿童，增加学校生活的苦痛。他们所以敢于如此,只因为社会上许多报纸和政府的一切法令公文都还是用死文字做的,一般父兄恐怕儿女不懂古文将来谋生困难,故一些学校便迎合这种父兄心理,加添文言课本,强迫作文言文。故慈幼运动者在这个时候一面应该调查各地小学课程,禁止小学校用文言课本或用文言作文;一面还应该为减少儿童痛苦起见,努力提倡国语运动,请中央及各地方政府把一切法令公文改成国语,使顽固的父兄教员无所借口。这是慈幼运动在今日最应该做而又最容易做的事业。

十八,十(民国十八年十月,1929 年 10 月)

20. 我的思想①

---

① 收入《胡适文选》1930年12月上海亚东图书馆初版。——编者

《科学与人生观序》

《不朽》

《易卜生主义》

这三篇代表我的人生观,代表我的宗教。

《易卜生主义》一篇写的最早,最初的英文稿是民国三年在康奈尔大学哲学会宣读的,中文稿是民国七年写的。易卜生最可代表十九世纪欧洲的个人主义的精华,故我这篇文章只写得一种健全的个人主义的人生观。这篇文章在民国七八年间所以能有最大的兴奋作用和解放作用,也正是因为它所提倡的个人主义在当日确是最新鲜又最需要的一针注射。

娜拉抛弃了家庭丈夫儿女,飘然而去,只因为她觉悟了她自己是一个人,只因为她感觉到她"无论如何,务必努力做一个人"。这便是易卜生主义。易卜生说：

> 我所最期望于你的是一种真实纯粹的为我主义，要使你有时觉得天下只有关于你的事最要紧，其余的都算不得什么……你要想有益于社会，最好的法子莫如把你自己这块材料铸造成器。……有的时候我真觉得全世界都像海上撞沉了船，最要紧的还是救出自己。（页一三〇）

这便是最健全的个人主义。救出自己的唯一法子便是把你自己这块材料铸造成器。

把自己铸造成器，方才可以希望有益于社会。真实的为我，便是最有益的为人。把自己铸造成了自由独立的人格，你自然会不知足，不满意于现状，敢说老实话，敢攻击社会上的腐败情形，做一个"富贵不能淫，贫贱不能移，威武不能屈"的斯铎曼医生。斯铎曼医生为了说老实话，为了揭穿本地社会的黑幕，遂被全社会的人喊做"国民公敌"。但他不肯避"国民公敌"的恶名，他还要说老实话。他大胆的宣言：

> 世上最强有力的人就是那最孤立的人！

这也是健全的个人主义的真精神。

这种个人主义的人生观一面教我们学娜拉，要努力把自己铸造成个人；一面教我们学斯铎曼医生，要特立独行，敢说老实话，敢向恶势力作战。少年的朋友们，不要笑这是十九世纪维多利亚时代的陈腐思想！我们去维多利亚时代还老远哩。欧洲有了十八九世纪的个人主义,造出了无数爱自由过于面包,爱真理过于生命的特立独行之士,方才有今日的文明世界。

现在有人对你们说:"牺牲你们个人的自由,去求国家的自由!"我对你们说:"争你们个人的自由,便是为国家争自由!争你们自己的人格,便是为国家争人格!自由平等的国家不是一群奴才建造得起来的!"

《科学与人生观序》一篇略述民国十二年的中国思想界里的一场大论战的背景和内容(我盼望读者能参读《文存》三集里《几个反理学的思想家》的"吴敬恒"一篇,页一五一～一八六)。在此序的末段,我提出我所谓"自然主义的人生观"(页九二～九五)。这不过是一个轮廓,我希望少年的朋友们不要仅仅接受这个轮廓,我希望他们能把这十条都拿到科学教室和实验室里去细细证实或证否。

这十条的最后一条是:

根据于生物学及社会学的知识,叫人知道个人——"小我"——是要死灭的,而人类——"大我"——是不死的,不朽的;叫人知道"为全种万世而生活"就是宗教,就是最高的宗教。而那些替个人谋死后的天堂净土的宗教乃是自私自利的宗教。

这个意思在这里说的太简单了。读者容易起误解。所以我把《不朽》一篇收在后面,专说明这一点。

我不信灵魂不朽之说,也不信天堂地狱之说,故我说这个小我是会死灭的。死灭是一切生物的普遍现象,不足怕,也不足惜。但个人自有他的不死不灭的部分:他的一切作为,一切功德罪恶,一切语言行事,无论大小,无论善恶,无论是非,都在那大我上留下不能磨灭的结果和影响。他吐一口痰在地上,也许可以毁灭一村一族。他起一个念头,也许可以引起几十年的血战。他也许"一言可以兴邦,一言可以丧邦"。善亦不朽,恶亦不朽;功盖万世固然不朽,种一担谷子也可以不朽,喝一杯酒,吐一口痰也可以不朽。古人说:"一出言而不敢忘父母,一举足而不敢忘父母。"我们应该说:"说一句话而不敢忘这句话的社会影响,走一步路而不敢忘这步路的社会影响。"这才是对于大我负责任。能如此做,便是道德,便是宗教。

这样说法,并不是推崇社会而抹杀个人。这正是极力抬高个人的重要。个人虽渺小,而他的一言一动都在社会上留下不朽的痕迹,芳不止流百世,臭也不止遗万年,这不是绝对承认个人的重要吗?成功不必在我,也许在我千百年后,但没有我也决不能成功。毒害不必在眼前,"我躬不阅,遑恤我后"!然而我岂能不负这毒害的责任?今日的世界便是我们的祖宗积的德,造的孽。未来的世界全看我们自己积什么德或造什么孽。世界的关键全在我们手里,真如古人说的"任重而道远",我们岂可错过这绝好的机会,放下这绝重大的担子。

有人对你说:"人生如梦。"就算是一场梦罢,可是你只有这一个做梦的机会。岂可不振作一番,做一个痛痛快快轰轰烈烈的梦?

有人对你说:"人生如戏。"就说是做戏罢,可是,吴稚晖先生说的好:"这唱的是义务戏,自己要好看才唱的;谁便无端的自己扮作跑龙套,辛苦的出台,止算做没有呢?"

其实人生不是梦,也不是戏,是一件最严重的事实。你种谷子,便有人充饥;你种树,便有人砍柴,便有人乘凉;你拆烂污,便有人遭瘟;你放野火,便有人烧死。你种瓜便得瓜,种豆便得豆,种荆棘便得荆棘。少年的朋友们,你爱种什么?你能种什么?

1930

21. 保寿的意义[①]

[①] 本文系胡适未刊手稿,作于1930年3月5日,收入《胡适遗稿及秘藏书信》第12册,黄山书社1994年12月版。——编者

我们中国古代有一个无名诗人留下了两句最有害的诗：

　　我躬不阅，遑恤我后。

译成白话，这就是说：

　　我自己看不见了，何必顾虑后来的事呢？

这个意思是根本大错的。正因为我们自己有看不见的时候，所以我们必须在看得见的时候先给后来的事做点准备。人类所以比别的动物强，全靠这预计未来的能力。凡未雨绸缪，积谷防饥，都是预计未来的事。如果人人都不管将来的事，只图个今朝有酒今朝醉，那就是自己堕落下去和禽兽一样了。

我们中国人在这几千年中，受了老庄思想的毒，往往只顾眼前的享乐，不顾将来的准备。常言道：

> 儿孙自有儿孙福,莫为儿孙作马牛。

替儿孙作牛马,固然大可以不必。但儿女是我们生的,我们对他们应该负教养的责任,我们难道连这一点准备都没有吗?况且我们既不愿替儿孙作牛马,也就不应该叫儿孙替我们自己作牛马。我们平日毫不准备将来,一朝两脚伸直,一口气转不过来,还要连累儿孙去借债买棺买坟来葬我们的老骨头,这就未免太对不起儿孙了。

生在这个新时代的人们,应该学一点新时代的新伦理。新伦理的最小限度有这几点:

第一,自己要能独立生活,生不靠朋友,死不累子孙。

第二,我对子女应该负教养的责任,这是我自己尽责,不希望子女将来还债。

第三,今天总得预备明天的事,总要使明天的景况胜似今天。

要做到这几点,只有储蓄的一个法子。储蓄的种类很多,保寿便是今日世界最通行的一种方法。保寿的意义只是今日做明天的准备,生时做死时的准备,父母做儿女的准备,儿女幼小时做儿女长大时的准备,如此而已。今天预备明天,这是真稳健。生时预备死时,这是真旷达。父母预备儿女,这是真慈爱。不能做到这三步的,不能算做现代的人。

我的朋友郝先生本是热心宗教事业的人,现在决心做人寿保险的事,他希望我说几句提倡保寿的话,所以我写这篇短文给他。

十九,三,五 (民国十九年三月五日,1930 年 3 月 5 日)

22. 我的信仰

一

我父胡珊，是一位学者，也是一个有坚强意志，有治理才干的人。经过一个时期的文史经籍训练后，他对于地理研究，特别是边省的地理，大起兴趣。他前往京师，怀了一封介绍书，又走了四十二日而达北满吉林，去进见钦差大臣吴大澂。吴氏是现在见知于欧洲研究中国学问者之中国的一个大考古学家。

吴氏延见他，问有什么可以替他为力的。我父说道："没有什么，只求准我随节去解决中俄界务的纠纷，仰我得以研究东北各省的地理。"吴氏对于这个只有秀才底子，且在关外长途跋涉之后，差不多已是身无分文的学者，觉得有味。他带了这个少年去干他那历史上有名的差使，得他做了一个最有价值、最肯做事的帮手。

有一次与我父亲同走的一队人，迷陷在一个广阔的大森林之内，三天找不着出路。到粮食告罄，一切侦察均归失败时，我父亲就提议寻觅溪流。溪流是多半流向森林外面去的。一条溪流找到了，他们一班人就顺流而行，得达安全的地方。我父亲作了一首长诗纪念这次的事迹，及四十年后，我在论《杜威教授系统思想说》的一篇论文里，用这件事实以为例证，虽则我未尝提到他的名字，有好些与我父亲相熟而犹生存着的人，都还认得出这件故事，并写信问我是不是他们故世已久的朋友的一个小儿子。

吴大澂对我父亲虽曾一度向政府荐举他为"有治省才的人"，他在政治上却并未得臻通显，历官江苏、台湾后，遂于台湾因中日战争的结果而割让与日本时，以五十五岁的寿数逝世。

二

我是我父亲的幼儿，也是我母亲的独子。我父亲娶妻凡三次：前妻死于太平天国之乱，乱军掠遍安徽南部各县，将其化为灰烬。次娶生了三个儿子、四个女儿。长子从小便证明是个难望洗心革面的败子。我父亲丧了次妻后，写信回家，说他一定要讨一个纯良强健的、做庄家人家的女儿。

我外祖父务农，于年终几个月内且兼业裁缝。他是出生于一个循善的农家，在太平天国之乱中，全家被杀。因他还只是一个小孩子，故被太平军掠做俘虏，带往军中当差。为要防他逃走，他的脸上就刺了"太平天国"四字，终其身都还留着。但是他吃了种种困苦，居然逃了出来，回到家乡，只寻得一片焦土，无一个家人还得活着。他勤苦工作，耕种田地，兼做裁缝，裁缝的手艺，是他在贼营里学来的。他渐渐长成，娶了一房妻子，生下四个儿女，我母亲就是最长的。

我外祖父一生的心愿就是想重建被太平军毁了的家传老屋。他每天早上，太阳未出，便到溪头去拣选三大担石子，分三次挑回废屋的地基。挑完之后，他才去种田或去做裁缝。到了晚上回家时，又去三次，挑了三担石子，才吃晚饭。凡此辛苦恒毅的工作，都给我母亲默默看在眼里，她暗恨身为女儿，毫无一点法子能减轻她父亲的辛苦，促他的梦想实现。

随后来了个媒人，在田里与我外祖父会见，雄辩滔滔地向他替我父亲要他大女儿的庚帖。我外祖父答应回去和家里商量。但是到他在晚上把所提的话对他的妻子说了，她就大生气。她说："不行！把我女儿嫁给一个大她三十岁的人，你真想得起？况且他的儿女也有年纪比我们女儿还大的！还有一层，人家自然要说我们嫁女儿给一个老官，是为了钱财体面而把她牺牲的。"于是这一对老夫妻吵了一场。后来做父亲的说："我们问问女儿自己。说来说去，这到底是她自己的事。"

到这个问题对我母亲提了出来，她不肯开口。中国女子遇到同类的情形常是这样的。但她心里却在深思沉想，嫁与中年丧偶、兼有成年儿女的人做填房，送给女家的聘金财礼比一般婚媾却要重得多。这点于她父亲盖房子的计划将大有帮助。况且她以前又是见过我父亲的,知道他为全县人所敬重。她爱慕他,愿意嫁他,为的半是英雄崇拜的意识,但大半却是想望帮助劳苦的父亲的孝思。所以到她给父母逼着答话,她就坚决地说:"只要你们俩都说他是好人,请你们俩做主。男人家四十七岁也不能算是老。"我外祖父听了,叹了一口气,我外祖母可气的跳起来,愤愤地说:"好呵!你想做官太太了!好吧,听你情愿罢!"

三

我母亲于一八八九年结婚,时年十七,我则生在一八九一年十二月。我父殁于一八九五年,留下我母亲二十三岁做了寡妇。我父弃世,我母便做了一个有许多成年儿女的大家庭的家长。中国做后母的地位是十分困难的,她的生活自此时起,自是一个长时间的含辛茹苦。

我母亲最大的禀赋就是容忍。中国史书记载唐朝有个皇帝垂询张公仪那位家长,问他家以什么道理能九世同居而不分离拆散。那位老人家因过于衰迈,难以口述,请准用笔写出回答。他就写了一百个"忍"字。中国道德家时常举出"百忍"的故事为家庭生活最好的例子,但他们似乎没有一个曾觉察到许多苦恼、倾轧、压迫和不平,使容忍成了一种必不可少的事情。

那班接脚媳妇凶恶不善的感情,利如锋刃的话语,含有敌意的嘴脸,我母亲事事都耐心容忍。她有时忍到不可再忍,这才早上不起床,柔声大哭,哭她早丧丈夫。她从不开罪她的媳妇,也不提开罪的那件事。但是这些眼泪,每次都有神秘莫测的效果。我总听得有一位嫂嫂的房门开了,和一个妇人的脚步声向厨房走去。不多一会,她转来敲我们房门了。她走进来捧着一碗热茶,送给我的母亲,劝她止哭。母亲接了茶碗,受了她不出声的认错。然后家里又太平清静得个把月。

我母亲虽则并不知书识字,却把她的全副希望放在我的教育上。我是一个早慧的小孩,不满三岁时,就已认了八百多字,都是我父亲每天用红笺方块教我的。我才满三岁零点,便在学堂里念书。我当时是个多病的小孩,没有搀扶,不能跨一个六英寸高的门槛。但我比学堂里所有别的学生都能读能记些。我从不跟着村中孩子们一块儿玩。更因我缺少游戏,我五岁时就得了"先生"的绰号。十五年后,我在康奈耳大学做二年级时,也同是为了这个弱点,而得了 Doc(即 Doctor 缩读)的诨名。

每天天还未亮时,我母亲便把我喊醒,叫我从床上坐起。她然后把对我父亲所知的一切告诉我,她说她望我踏上他的脚步,她一生只晓得他是最善良最伟大的人。据她说,他是一个多么受人敬重的人,以致在他间或休假回家的时期中,附近烟窟赌馆都概行停业。她对我说我惟有行为好,学业科考成功,才能使他们两老增光;又说她所受的种种苦楚,得以由我勤敏读书来酬偿。我往往眼睛半睁半闭的听。但她除遇有女客与我们同住在一个房间的时候外,罕有不施这番晨训的。

到天大明时,她才把我的衣服穿好,催我去上学。我年稍长,我总是第一个先到学堂,并且差不多每天早晨都是去敲先生的门要钥匙去开学堂的门。钥匙从门缝里递了出来,我隔一会就坐在我的座位上朗念生书了。学堂里到薄暮才放学,届时每个学生都向朱印石刻的孔夫子大像和先生鞠躬回家。日中上课的时间平均是十二小时。

我母亲一面不许我有任何种的儿童游戏,一面对于我建一座孔圣庙的孩子气的企图,却给我种种鼓励。我是从我同父异母的姐姐的长子,大我五岁的一个小孩那里学来的。他拿各种华丽的色纸扎了一座孔庙,使我心里羡慕。我用一个大纸匣子作为正殿,背后开了一个方洞,用一只小匣子糊上去,做了摆孔子牌位的内堂。外殿我供了孔子的各大贤徒,并贴了些小小的匾对,书着颂扬这位大圣人的字句,其中半系录自我外甥的庙里,半系自书中抄来。在这座玩具的庙前,频频有香炷燃着。我母亲对于我这番有孩子气的虔敬也觉得欢喜,暗信孔子的神灵一定有报应,使我成为一个有名的学者,并在科考中成为一个及第的士子。

我父亲是一个经学家,也是一个严守朱熹(一一三〇——一二〇〇年)的新儒教理学的人。他对于释道两教强烈反对。我还记得见我叔父家(那是我的开蒙学堂)的门上有一张日光晒淡了的字条,写着"僧道无缘"的几个字。我后来才得知道这是我父亲所遗理学家规例的一部。但是我父亲业已去世,我那彬彬儒雅的叔父,又到皖北去做了一员小吏,而我的几位哥哥则都在上海。剩在家里的妇女们,对于我父亲的理学遗规,没有什么拘束了。他们遵守敬奉祖宗的常礼，并随风俗时会所趋，而自由礼神拜佛。观音菩萨是他们所最爱的神，我母亲为了是出于焦虑我的健康福祉的念头，也做了观音的虔诚信士。我记得有一次她到山上观音阁里去进香，她虽缠足，缠足是苦了一生的，在整段的山路上，还是步行来回。

我在村塾（村中共有七所）里读书，读了九年（一八九五——一九〇四年）。在这个期间，我读习并记诵了下列几部书：

（一）《孝经》：孔子后的一部经籍，作者不明。

（二）《小学》：一部论新儒教道德学说的书，普通谓系宋哲朱熹所作。

（三）《四书》：《论语》《孟子》《大学》《中庸》。

（四）《五经》中的四经：《诗经》《尚书》《易经》《礼记》。

我母亲对于家用向来是节省的，而付我先生的学金，却要比平常要多三倍。平常学金两块银元一年，她首先便送六块钱，后又逐渐增加到十二元。由增加学金这一点小事情，我得到千百倍于上述数目比率所未能给的利益。因为那两元的学生，单单是高声朗读，用心记诵，先生从不劳神去对他讲解所记的字。独我为了有额外学金的缘故，得享受把功课中每字每句解给我听，就是将死板文字译作白话这项难得的权利。

我年还不满八岁，就能自己念书。由我二哥的提议，先生使我读《资治通鉴》。这部书，实在是大历史学家司马光于一〇八四年所辑编年式的中国通史。这番读史，使我发生很大的兴趣，我不久就从事把各朝代各帝王各年号编成有韵的歌诀，以资记忆。

随后有一天,我在叔父家里的废纸箱中,偶然看见一本《水浒传》的残本,便站在箱边把它看完了,我跑遍全村,不久居然得着全部。从此以后,我像老饕一般读尽了本村邻村所知的小说。这些小说都是用白话或口语写的,既易了解,又有引人入胜的趣味。它们教我人生,好的也教,坏的也教,又给了我一件文艺的工具,若干年后,使我能在中国开始众所称为"文学革命"的运动。

其时,我的宗教生活经过一个特异的激变。我系生长在拜偶像的环境,习于诸神凶恶丑怪的面孔,和天堂地狱的民间传说。我十一岁时,一日,温习朱子的《小学》,这部书是我能背诵而不甚了解的。我念到这位理学家引司马光那位史家攻击天堂地狱的通俗信仰的话。这段话说:"形既朽灭,神亦飘散,虽有剉烧舂磨,亦无所施。"这话好像说得很有道理,我对于死后审判的观念,就开始怀疑起来。

往后不久,我读司马光的《资治通鉴》,读到第一百三十六卷中有一段,使我成了一个无神论者。所说起的这一段,述纪元五世纪名范缜的一位哲学家,与朝众竞辩《神灭论》。朝廷当时是提倡大乘佛法的。范缜的见解,由司马光缩述为这几句话:

> 形者神之质也,神者形之用也。神之于形,犹利之于刃,未闻刃没而利存,岂容形灭而神在哉?

这比司马光的形灭神散的见解——一种仍认有精神的理论——还更透彻有理。范缜根本否认精神为一种实体,谓其仅系神之用。这一番化繁为简合着我儿童的心胸。读到"朝野喧哗,难之,终不能屈",更使我心悦。

同在那一段内,又引据范缜反对因果轮回说的事。他与竟陵王谈论,王对他说:"君不信因果,何得有富贵贫贱?"范缜答道:

> 人生如树花同发,随风而散;或拂帘幌,坠茵席之上;或关篱墙,落粪溷之中。堕茵席者,殿下是也;落粪溷者,下官是也。贵贱虽复殊途,因果竟在何处?

因果之说,由印度传来,在中国人思想生活上已成了主要部分的少数最有力的观念之一。中国古代道德家,常以善有善报,恶有恶报为训,但在现实生活上并不真确。佛教的因果优于中国果报观念的地方,就是可以躲过这个问题,将其归之于前世来世不断的轮回。

但是范缜的比喻,引起了我幼稚的幻想,使我摆脱了噩梦似的因果绝对论。这是以偶然论来对定命论。而我以十一岁的儿童就取了偶然论而叛离了运命。我在那个儿童时代是没有牵强附会的推理的,仅仅是脾性的迎拒罢了。我是我父亲的儿子,司马光和范缜又得了我的心。仅此而已。

四

但是这一种心境的激变,在我早年不无可笑的结果。一九〇三年的新年里,我到我住在二十四里外的大姊家去拜年。在她家住了几天,我和她的儿子回家,他是来拜我母亲的年的。他家的一个长工替他挑着新年礼物。我们回到路上,经过一亭子,供着几个奇形怪状的神像。我停下来对我外甥说："这里没有人看见,我们来把这几个菩萨抛到污泥坑里去吧。"我这带孩子气的毁坏神像主张,把我的同伴大大地吓住了。他们劝我走路,莫去惹那些本来已经濒于危境的神道。

这一天正是元宵灯节。我们到了家中,家里有许多客人,我的肚子已经饿了,开饭的时候,我外甥又劝我喝了一杯烧酒。酒在我的肚子里,便作怪起来。我不久便在院子里跑,喊月亮下来看灯。我母亲不悦,叫人来捉我。我在他们前头跑,酒力因我跑路,作用更起得快。我终被捉住,但还努力想挣脱。我母亲抱住我,不久便有许多人朝我们围拢来。

我心里害怕,便胡言乱语起来。于是我外甥家的长工走到我母亲身边,低低地说:"外婆,我想他定是精神错乱了。恐怕是神道怪了他。今天下午我们路过三门亭,他提议要把几尊菩萨抛到污泥坑里去。一定是这番话弄出来的事。"我窃听了长工的话,忽然想出一条妙计。我喊叫得更凶,好像我就真是三门亭的一个神一样。我母亲于是便当空焚香祷告,说我年幼无知无咎,许下如果蒙神恕我小孩子的罪过,定到亭上去烧香还愿。

这时候,得报说龙灯来了,在我们屋里的人,都急忙跑去看,只剩下我和母亲两个人。一会儿我就睡着了。母亲许的愿,显然是灵应了。一个月后,我母亲和我上外婆家去,她叫我恭恭敬敬地在三门亭还我们许下的愿。

五

我年甫十三,即离家上路七日,以求"新教育"于上海。自这次别离后,我于十四年之中,只省候过我母亲三次,一总同她住了大约七个月。出自她对我伟大的爱忱,她送我出门,分明没有洒过一滴眼泪就让我在这广大的世界中,独自求我自己的教育和发展,所带着的,只是一个母亲的爱,一个读书的习惯和一点点怀疑的倾向。

我在上海过了六年(一九〇四——一九一〇年),在美国过了七年(一九一〇——一九一七年)。在我停留在上海的时期内,我经历过三个学校(无一个是教会学校),一个都没有毕业。我读了当时所谓的"新教育"的基本东西,以历史、地理、英文、数学和一点零碎的自然科学为主。从故林纾氏及其他诸人的意译文字中,我初次认识一大批英国和欧洲的小说家,司各特(Scott)、狄更斯(Dickens)、大小仲马(Dumas pereet fils)、雨果(Hugo),以及托尔斯泰(Tolstoy)等氏的都在内。我读了中国上古、中古几位非儒教和新儒教哲学家的著作,并喜欢墨翟的兼爱说与老子、庄子有自然色彩的哲学。

从当代力量最大的学者梁启超氏的通俗文字中,我渐得略知霍布士(Hobbes)、笛卡儿(Descartes)、卢梭(Rousseau)、边沁(Bentham)、康德(Kant)、达尔文(Darwin)等诸泰西思想家。梁氏是一个崇拜近代西方文明的人,连续发表了些文字,坦然承认中国人以一个民族而言,对于欧洲人所具的许多良好特性,感受缺乏;显著的是注重公共道德,国家思想,爱冒险,私人权利观念与热心防其被侵,爱自由,自治能力,结合的本事与组织的努力,注意身体的培养与健康等。就是这几篇文字猛力把我以我们古旧文明为自足,除战争的武器,商业转运的工具外,没有什么要向西方求学的这种安乐梦中,震醒出来。它们开了给我,也就好像开了给几千几百别的人一样,对于世界整个的新眼界。

我又读过严复所译穆勒(John Stuart Mill)的《自由论》(*On Liberty*)和赫胥黎(Huxley)的《天演论》(*Evolution and Ethic*)。严氏所译赫胥黎的论著,于一八九八年就出版,并立即得到知识阶级的接受。有钱的人拿钱出来翻印新版以广流传(当时并没有版权),因为有人以达尔文的言论,尤其是它在社会上与政治上的运用,对于一个感受惰性与濡滞日久的民族,乃是一个合宜的刺激。

数年之间,许多的进化名词在当时报章杂志的文字上,就成了口头禅。无数的人,都采来做自己的和儿辈的名号,由是提醒他们国家与个人在生存竞争中消灭的祸害。向尝一度闻名的陈炯明以"竞存"为号。我有两个同学名杨天择和孙竞存。

就是我自己的名字,对于中国以进化论为时尚,也是一个证据。我请我二哥替我起个学名的那天早晨,我还记得清楚。他只想了一刻,他就说:"'适者生存'中的'适'字怎么样?"我表同意;先用来做笔名,最后于一九一〇年就用做我的名字。

六

我对达尔文与斯宾塞两氏进化假说的一些知识,很容易的与几个中国古代思想家的自然学说联了起来。例如在道家伪书《列子》所述的下面这个故事中，发现两千年前有一个一样年轻，同抱一样信仰的人，使我的童心欢悦：

> 齐田氏祖于庭，食客千人。中坐有献鱼雁者，田氏视之，乃叹曰："天之于民厚矣！殖五谷，生鱼鸟以为之用。"众客和之如响。鲍氏之子，年十二，预于次，进曰："不如君言。天地万物，与我并生，类也。类无贵贱，徒以大小智力而相制，迭相食，非相为而生之。人取食者而食之，岂天本为人而生之？且蚊蚋嘬肤，虎狼食肉，岂天本为蚊蚋生人，虎狼生肉者哉？"

一九〇六年，我在中国公学同学中，有几位办了一个定期刊物，名《竞业旬报》——达尔文学说通行的又一例子。其主旨在以新思想灌输于未受教育的民众，系以白话刊行。我被邀在创刊号撰稿。一年之后，我独自做编辑。我编辑这个杂志的工作不但帮助我启发运用现行口语为一种文艺工具的才能，且以明白的话语及合理的次序，想出自我幼年就已具了形式的观念和思想。在我为这个杂志所著的许多论文内，我猛力攻击人们的迷信，且坦然主张毁弃神道，坚持无神论。

一九〇八年，我家因营业失败，经济大感困难。我于十七岁上，就必需供给我自己读书，兼供养家中的母亲。我有一年多停学，教授初等英文，每日授课五小时，月得脩金八十元。一九一〇年，我教了几个月的国文。

那几年（一九〇九——一九一〇年）是中国历史上的黑暗时代，也是我个人历史上的黑暗时代。革命在好几省内爆发,每次都归失败。中国公学原是革命活动的中心,我在那里的旧同学参加此等密谋的实繁有徒,丧失生命的为数也不少。这班政治犯有好些来到上海与我住在一起,我们都是意气消沉,厌世悲观的。我们喝酒,作悲观的诗词,日夜谈论,且往往作没有输赢的赌博。我们甚至还请了一个老伶工来教我们唱戏。有一天早上,我作了一首诗,中有这一句:"霜浓欺日淡"!

意气消沉与执劳任役驱使我们走入了种种的流浪放荡。有一个雨夜,我喝酒喝得醺醺大醉,在镇上与巡捕角斗,把我自己弄进监里去关了一夜。到我次晨回寓,在镜中看出我脸上的血痕,就记起李白饮酒歌中的一句:"天生我材必有用。"我决心脱离教书和我的这班朋友。下了一个月的苦工夫,我就前往北京投考用美国退还庚子赔款所设的学额。我考试及格,即于七月间放洋赴美。

七

我到美国,满怀悲观。但不久便交结了些朋友,对于那个国家和人民都很喜爱。美国人出自天真的乐观与朝气给了我很好的印象。在这个地方,似乎无一事一物不能由人类智力做得成的。我不能避免这种对于人生持有喜气的眼光的传染,数年之间,就渐渐治疗了我少年老成的态度。

我第一次去看足球比赛时,我坐在那里以哲学的态度看球赛时的粗暴及狂叫欢呼为乐。而这种狂叫欢呼在我看来,似乎是很不够大学生的尊严的。但是到竞争愈渐激烈,我也就开始领悟这种热心。随后我偶然回头望见白了头发的植物学教授劳理先生(Mr. W. W. Rowlce)诚心诚意地在欢呼狂叫,我觉得如是的自惭,以致我不久也就热心的陪着众人欢呼了。

就是在民国初年最黑暗的时期内,我还是想法子打起我的精神。在致一个华友的信里面,我说道:"除了你我自己灰心失意,以为无希望外,没有事情是无希望的。"在我的日记上,我记下些引录的句子,如引克洛浦(Clough)的这一句:"如果希望是麻醉物,恐惧就是作伪者。"又如我自己译自勃朗宁的这一节诗:

> 从不转背而挺身向前,
> 从不怀疑云要破裂,
> 虽合理的弄糟,违理的占胜,
> 而从不作迷梦的,
> 相信我们沉而再升,败而再战,
> 睡而再醒。

一九一四年一月,我写这一句在我的日记上:"我相信我自离开中国后,所学得的最大的事情,就是这种乐观的人生哲学了。"一九一五年,我以关于勃朗宁最优的论文得受柯生奖金(Hiram Corson Prize)。我论文的题目是《勃朗宁乐观主义辩》(*In Defense of Browning's Optimism*)。我想来大半是我渐次改变了的人生观使我于替他辩护时,以一种诚信的意识来发言。

我系以在康奈耳大学做纽约农科学院的学生开始我的大学生

涯。我的选择是根据了当时中国盛行的,谓中国学生须学点有用的技艺,文学、哲学是没有什么实用的这个信念。但是也有一个经济的动机。农科学院当时不收学费,我心想或许还能够把每月的月费省下一部分来汇给我的母亲。

农场上的经验我一点都不曾有过,并且我的心也不在农业上。一年级的英国文学及德文课程,较之农场实习和养果学,反使我感觉兴趣。踌躇观望了一年又半,我最后转入文理学院,受一次缴纳四个学期的学费,就是使我受八个月困境的处分,但是我对于我的新学科觉得更为自然,从不懊悔这番改变。

有一科《欧洲哲学史》——归故克莱顿教授(Professor J. E. Creighton)那位恩师主持——领导我以哲学做了主科。我对于英国文学与政治学也深有兴趣。康奈耳的哲学院(The Sage School of Philosophy)是唯心论的重镇。在其领导之下,我读了古代近代古典派哲学家比较重要的著作,我也读过晚近唯心论者如布拉德莱(Bradley)、鲍森盖(Bosanquet)等的作品,但是他们提出的问题从未引起我的兴趣。

一九一五年,我往哥伦比亚大学(Columbia University),就学于杜威教授(Professor John Dewey),直至一九一七年我回国之时为止。得着杜威的鼓励,我著成我的论文《先秦名学史》这篇论文,使我把中国古代哲学著作重读一过,并立下我对于中国思想史的一切研究的基础。

八

　　留美的七年间,我有许多课外的活动,影响我的生命和思想,说不定也与我的大学课业一样。当意气颓唐的时候,我对于基督教大感兴趣,且差不多把《圣经》读完。一九一一年夏,我出席于在宾夕法尼亚(Pennsylvania)普柯诺松林(Pocono Pines)举行的中国基督教学生会的大会做来宾时,我几乎打定主意做了基督徒。

　　但是我渐渐地与基督教脱离,虽则我对于其发达的历史曾多有习读,因为有好久时光我是一个信仰无抵抗主义的信徒。耶稣降生前五百年,中国哲学家老子曾传授过上善若水,水善应万物而不争。我早年接收老子的这个教训,使我大大的爱着《登山宝训》。

　　一九一四年,世界大战爆发,我深为比利时的命运所动,而成了一个确定的无抵抗者。我在康奈耳大同俱乐部(Cornell Cosmopolitan Club)住了三年,结交了许多各种国籍的热心朋友。受着像那士密氏(George Nasmyth)和麦慈(John Mez)那样唯心的平和论者的影响,我自己也成了一个热心的平和论者。大学废军联盟因维腊特(Oswald Garrison Villard)的提议而成立于1915年,我是其创办人之一。

　　到后来,各国际政体俱乐部(International Polity Clubs)成立,我在那士密氏和安吉尔(Norman Angell)的领导之下,做了一个最活动的会员,且曾参加过其起首两届的年会。1916年,我以我的论文《国际关系中有代替武力的吗?》(*Is There a Substitute for Force in*

International Relations?)得受国际政体俱乐部的奖金。在这篇论文里面,我阐明依据以法律为有组织的武力建立一个国际联盟的哲理。

我的平和主义与国际大同主义往往使我陷入十分麻烦的地位。日本由攻击德国在山东的领土以加入世界大战时,向世界宣布说,这些领土"终将归还中国"。我是留美华人中唯一相信这个宣言的人,并以文字辩驳说,日本于其所言,说不定是意在必行的。关于这一层,我为许多同辈的学生所嘲笑。及一九一五年日本提出有名的对华二十一条件,留美学生,人人都赞成立即与日本开战。我写了一封公开的信给《中国留美学生月报》,劝告处之以温和,持之以冷静。我为这封信受了各方面的严厉攻击,且屡被斥为卖国贼。战争是因中国接受一部要求而得避免了,但德国在华领土则直至七年之后才交还中国。

我读易卜生(Ibsen)、莫黎(John Morley)和赫胥黎诸氏的著作,教我思考诚实与发言诚实的重要。我读过易卜生所有的戏剧,特别爱看《国民公敌》(An Enemy of the People)、莫黎的《论妥协》(On Compromise),先由我的好友韦莲司女士(Miss Edith Clifford Williams)介绍给我,她是一直做了左右我生命最重要的精神力量。莫黎曾教我:

一种主义,如果健全的话,是代表一种较大的便宜的。为了一时似是而非的便宜而将其放弃,乃是为小善而牺牲大善。疲弊时代,剥夺高贵的行为和向上的品格,再没有什么有这样拿得定的了。

赫胥黎还更进一步教授一种理智诚实的方法。他单单是说：

> 拿也如同可以证明我相信别的东西为合理的那种种证据来，那么我就相信人的不朽了。向我说类比和或能是无用的。我说我相信倒转平方律时，我是知道我意何所指的，我必不把我的生命和希望放在较弱的信证上。

赫胥黎也曾说过：

> 一个人生命中最神圣的举动，就是说出并感觉得我相信某项某项是真的。生在世上一切最大的赏，一切最重要的罚，都是系在这个举动上。

人生最神圣的责任是努力思想得好（To Think Well），我就是从杜威教授学来的。或思想得不精，或思想而不严格的到它的前因后果，接受现成的整块的概念以为思想的前提，而于不知不觉间受其个人的影响，或多把个人的观念由造成结果而加以测验，在理智上都是没有责任心的。真理的一切最大的发现，历史上一切最大的灾祸，都有赖于此。

杜威给了我们一种思想的哲学，以思想为一种艺术，为一种技术。在《思维术》（*How To Think*）和《实验逻辑论文集》（*Essays in Experimental Logic*）里面，他制出这项技术。我察出不但于实验科学上的发明为然，即于历史科学上最佳的探讨，内容的详定，文字的改造，及高等的批评等也是如此。在这种种境域内，曾由同是这个技术而得到最佳的结果。这个技术主体上是具有大胆提出假设，和〔加〕上诚恳留意于制裁与证实。这个实验的思想技术，堪当创造的智力(Creative Intelligence)这个名称，因其在运用想象机智以寻求证据，做成实验上，和在自思想有成就的结实所发出满意的结果上，实实在在是有创造性的。

奇怪之极，这种功利主义的逻辑竟使我变成了一个做历史探讨工作的人。我曾用进化的方法去思想，而这种有进化性的思想习惯，就做了我此后在思想史及文学工作上的成功之钥。尤更奇怪的，这个历史的思想方法并没有使我成为一个守旧的人，而时常是进步的人。例如，我在中国对于文学革命的辩论，全是根据无可否认的历史进化的事实，且一向都非我的对方所能答复得来的。

九

我母亲于一九一八年逝世。她的逝世，就是引导我把我在这广大世界中摸索了十四年多些的信条第一次列成条文的时机。这个信条系于一九一九年发表在以《不朽——我的宗教》(*Immortality My Religion*) 为题的一篇文章里面。

因有我在幼童时期读书得来的学识，我早久就已摒弃了个人死后生存的观念了。好多年来，我都是以一种"三不朽"的古说为满意，这种古说我是在《春秋左氏传》里面找出来的。传记里载贤臣叔孙豹于纪元前548年(时孔子还只有三岁)谓有立德、立功、立言三不朽。此三者"虽久不忘，此之谓不朽"。这种学说引动我心有如是之甚,以致我每每向我的外国朋友谈起,并给了它一个名字,叫做"三W的不朽主义"(三W即Worth, Work, Words三字的头一个字母)。

我母亲的逝世使我重新想到这个问题。我就开始觉得三不朽的学说有修正的必要。第一层,其弱点在太过概括一切。在这个世界上,有多少人其在德行功绩言语上的成就,其哲理上的智慧能久久不忘的呢?例如哥伦布是可以不朽的了,但是他那些别的水手怎样呢?那些替他造船或供给他用具的人,那许多或由作有勇敢的思考,或由在海洋中作有成无成的探险,替他铺下道路的前导又怎样呢?简括的说,一个人应有多大的成就,才可以不朽呢?

次一层,这个学说对于人类的行为没有消极的裁制。美德固是不朽的了,但是恶德又怎样呢?我们还要再去借重审判日或地狱之火吗?

我母亲的活动从未超出家庭间琐屑细事之外,但是她的左右力,能清清楚楚的从来吊祭她的男男女女的脸上看得出来。我检阅我已死的母亲的生平,我追忆我父亲个人对她毕生左右的力量,及其对我本身垂久的影响,我遂诚信一切事物都是不朽的。我们所做的一切什么人,我们所干的一切什么事,我们所讲的一切什么话,从在世界上某个地方自有其影响这个意义看来,都是不朽的。这个影响又将依次在别个地方有其效果,而此事又将继续入于无限的空间与时间。

正如莱布尼茨(Leibnitz)有一次所说:

人人都感觉到在宇宙中所经历的一切,以及那目睹一切的人,可以从经历其他各处的事物,甚至曾经并将识别现在的事物中,解释在时间与空间上已被移动的事物。我们是看不见一切的,但一切事物都在那里,达到无穷境无穷期。

一个人就是他所吃的东西,所以达得他的务农者,加利福尼亚的种果者,以及千百万别的粮食供给者的工作,都是生活在他的身上。一个人就是他所想的东西,所以凡曾于他有所左右的人——自苏格拉底(Socrates)、柏拉图(Plato)、孔子以至于他本区教会的牧师和抚育保姆——都是生活在他的身上。一个人也就是他所享乐的东西,所以无数美术家和以技取悦的人,无论现尚生存或久已物故,有名无名,崇高粗俗,都是生活在他的身上。诸如此类,以至于无穷。

一千四百年前,有一个人写了一篇论"神灭"的文章,被认为亵渎神圣,有如是之甚,以致其君皇敕七十个大儒来相驳难,竟给其驳倒。但是五百年后,有一位史家把这篇文章在他的伟大的史籍中记了一个撮要。又过了九百年,然后有一个十一岁的小孩偶然碰到这个三十五个字的简单撮要,而这三十五个字,于埋没了一千四百年之后,突然活了起来而生活于他的身上,更由他而生活于千百个男男女女的身上。

一九一二年,我的母校来了一位英国讲师,发表一篇演说《论中国建立共和的不可能》。他的演讲当时我觉得很为不通,但是我以他对于母音O的特异的发音方法为有趣,我就坐在那里摹拟以自娱。他的演说久已忘记了,但是他对于母音 O 的发音方法,这些年来却总与我不离,说不定现在还在我的几千几百个学生的口上,而从没有觉察到是由于我对于布兰特先生(Mr. J. C. Bland)的恶作剧的模仿,而布兰特先生也是从不知道的。

两千五百年前,喜马拉雅山的一个山峡里死了一个乞丐。他的尸体在路边腐烂了,来了一个少年王子,看见这个怕人的景象,就从此思考起来。他想到人生及其他一切事物的无常,遂决心脱离家庭,前往旷野中去想出一个自救以救人类的方法。多年后,他从旷野里出来,做了释迦佛,而向世界宣布他所找出的拯救的方法。这样,甚至一个死丐尸体的腐溃,对于创立世界上一个最大的宗教,也曾不知不觉的贡献了其一部分。

这一个推想的线索引导我信了可以称为社会不朽(Social Immortality)的宗教,因为这个推想在大体上全系根据于社会对我的影响,日积月累而成小我。小我对于其本身是些什么,对于可以称社会、人类或大自在的那个大我有些什么施为,都留有一个抹不去的痕迹这番意思。小我是会要死的,但是他还是继续存活在这个大我身上。这个大我乃是不朽的,他的一切善恶功罪,他的一切言行思想,无论是显著的或细微的,对的或不对的,有好处或有坏处——样样都是生存在其对于大我所产生的影响上。这个大我永远生存,做了无数小我胜利或失败的垂久宏大的佐证。

这个社会不朽的概念之所以比中国古代三不朽学说更为满意,就在于包括英雄圣贤,也包括贱者微者,包括美德,也包括恶德,包括功绩,也包括罪孽。就是这项承认善的不朽,也承认恶的不朽,才构成这种学说道德上的许可。一具死尸的腐烂可以创立一个宗教,但也可以为患全个大陆。一个酒店侍女偶发一个议论,可以使一个波斯僧侣豁然大悟,但是一个错误的政治或社会改造议论,却可以引起几百年的杀人流血。发现一个极微的杆菌,可以福利几千百万人,但是一个害痨的人吐出的一小点痰涎,也可以害死大批的人,害死几世几代。

人所做的恶事,的确是在他们身后还存在的!就是明白承认行为的结果才构成我们道德责任的意识,小我对于较大的社会的我负有巨大的债项,把他干的什么事情,作的什么思想,做的什么人物,概行对之负起责任,乃是他的职分。人类之为现在的人类,固是由我们祖先的智行愚行所造而成,但是到我们做完了我们份内时,我们又将由人类将成为怎么样而受裁判了。我们要说,"我们之后是大灾大厄"吗?抑或要说,"我们之后是幸福无疆"吗?

十

一九二三年,我又得了一个时机把我们信条列成更普通的条文。地质学家丁文江氏所著,在我所主编的一个周报上发表,论《科学与人生观》的一篇文章,开始了一场差不多延持了一个足年的长期论战。在中国凡有点地位的思想家,全都曾参与其事。到一九二三年终,由某个善经营的出版家把这论战的文章收集起来,字数竟达二十五万。我被请为这个集子作序。我的序言给这本已卷帙繁重的文集又加了一万字,而以我所拟议的"新宇宙观和新人生观的轮廓"为结论,不过有些含有敌意的基督教会,却以恶作剧的口吻,称其为"胡适的新十诫",我现在为其自有其价值而选择出来:

(一)根据于天文学和物理学的知识,叫人知道空间的无限之大。

(二)根据于地质学及古生物学的知识,叫人知道时间的无穷之长。

(三)根据于一切科学,叫人知道宇宙及其中万物的运行变迁皆是自然的——自己如此的——正用不着什么超自然的主宰或造物者。

(四)根据于生物学的科学知识,叫人知道生物界的生存竞争的浪费与残酷,因此叫人更可以明白那"有好生之德"的主宰的假设是不能成立的。

(五)根据于生物学、生理学、心理学的知识,叫人知道人不过是动物的一种;他和别种动物只有程序的差异,并无种类的区别。

(六)根据于生物的科学及人类学、人种学、社会学的知识,叫人知道生物及人类社会演进的历史和演进的原因。

(七)根据于生物的及心理的科学,叫人知道一切心理的现象都是有因的。

(八)根据于生物学及社会学的知识,叫人知道道德礼教是变迁的,而变迁的原因都是可以用科学的方法寻求出来的。

(九)根据于新的物理化学的知识,叫人知道物质不是死的,是活的,不是静的,是动的。

（十）根据于生物学及社会学的知识,叫人知道个人——"小我"——是要死灭的,而人类——"大我"——是不死的,不朽的；叫人知道"为全种万世而生活"就是宗教,就是最高的宗教。而那些替个人谋死后的"天堂""净土"的宗教,乃是自私自利的宗教。

我结论道：

> 这种新人生观是建筑在两三百年的科学常识之上的一个大假设,我们也许可以给他加上"科学的人生观"的尊号。但为避免无谓的争论起见,我主张叫他做"自然主义的人生观"。
>
> 我们在那个自然主义的宇宙里,在那无穷之大的空间里,在那无穷之长的时间里,这个平均高五尺六寸,上寿不过百年的两手动物——人——真是一个藐乎其小的微生物了。在那个自然主义的宇宙里,天行是有常度的,物变是有自然法则的,因果的大法支配着他——人——的一切生活；生存竞争的惨剧鞭策着他的一切行为,这个两手动物的自由真是很有限的了。
>
> 然而那个自然主义的宇宙里的这个渺小的两手动物,却也有他的相当的地位和相当的价值。他用的两手和一个大脑,居然能作出许多器具,想出许多方法,造成一点文化。他不但驯服了许多禽兽,他还能考究宇宙间的自然法则,利用这些法则来驾驭天行,到现在他居然能叫电气给他赶车,以太阳给他送信了。

他的智慧的长进就是他的能力的增加。然而智慧的长进却又使他的胸襟扩大,想象力提高。他也曾拜物拜畜生,也曾怕神怕鬼,但他现在渐渐地脱离了这种种幼稚的时期,他现在渐渐明白。空间之大只增加他对于宇宙的美感;时间之长只使他格外明了祖宗创业的艰难;天行之有常只增加他制裁自然界的能力。

甚至于因果律之笼罩一切,也并不见得束缚他的自由。因为因果律的作用,一方面使他可能由因求果,由果推因,解释过去,预测未来;一方面又使他可以运用他的智慧,创造新因,以求新果。甚至于生存竞争的观念也并不见得就使他成为一个冷酷无情的畜生,也许还可以格外增加他对于同类的同情心,格外使他深信互助的重要,格外使他注重人为的努力,以减免天然竞争的残酷与浪费。总而言之,这个自然主义的人生观里,未尝没有美,未尝没有诗意,未尝没有道德的责任,未尝没有充分运用创造的智慧的机会。

1931.1

23. 儒教的使命

我在这个讨论会里第一次说话就声明过，我不是一个儒教徒，后来我坐在这里听何铎斯博士（Dr. Hodons）的演说，听到他提起我，也许有心，也许无意，把我认做儒教里属于自然派的运动的一份子。我当时真不知道，我是应当维持我原来的声明呢，还是应当承认这个信仰的新性质呢？但是何铎斯博士在演说的末尾说："儒教已经死了，儒教万岁！"我听了这两个宣告，才渐渐明白——儒教已死了——我现在大概是一个儒教徒了。

　　儒教并不是一种西方人所说的宗教。我在大学（芝加哥）演讲，在这里说话，都曾尝试说明有过些时期是一个宗教——是一个有神论的宗教。但是就整个来看，儒教从来没有打算做一有神论的宗教，从来不是一个用传教士的宗教，儒教从来不做得仿佛相信它本身是完全靠得住的，儒教从来没有勇气跑出去对那些非教徒宣讲福音。这样说来,主席方才介绍我说话,他用的字眼有点和介绍别人的不同,是很有道理。他没有宣布我的题目是"儒教作为一个现代宗教的使命"。

我想这是很有道理的。儒教,正如何铎斯博士所说,已经死了。它是自杀死的,可不是由于错误的冲动,而是由于一种努力,想要抛弃自己一切逾分的特权,想要抛弃后人加到那个开创者们的经典上去的一切伪说和改窜。

我在大学演讲,有一次讲过,儒教的最后一个拥护者,最后一个改造者,在他自己的一辈子里,看到儒教经典的一个主要部分,一个最通行,最容易读,因此在统制中国人的思想上最有势力的部分,已经被打倒了。这样说来,儒教真可算是死了。

孟子是儒家最伟大的哲学家,他的影响仅次于孔子,曾说过:"人之患,在好为人师。"儒家的经典里又常说:"礼闻来学,不闻往教。"儒教从来不教它的门徒跑出去站在屋顶上对人民宣讲,把佳音带给大地四方不归信的异教徒,儒教也从来不是一个用传教士的宗教。

然而,这也不是说,孔子、孟子和儒家的学者们要把他们的灯放在斗底下(to conceal their light under a bushee,此处的成语出自《马太福音》第五章:"人点灯,不放在斗底下,是放在灯台上,就照亮一家人"),不把它放在高处,让人人可以看见。这只是说,这些人都有那种知识上的谦虚,所以他们厌恶独断的传教士态度,宁愿站在真理追求者的谦虚立场。这只是说,这些思想家不肯相信有一个人,无论他是多么有智慧有远识,能够说完全懂得一切民族,一切时代的生活与道德的一切错综复杂的性质。孔子就说过:"丘也幸,苟有过,人必知之。"正是因为有这样可能有错误的意识,所以儒教的开创者们不赞成人的为人师的欲望。我们想要用来照亮世界的光,也许其实只是把微弱的火,很快就要消失在黑暗里。我们想要用来影响全人类的真理,也许绝不能完全没有错。谁要把这个真理不加一点批评变成教条,也许只能毁坏他的生命,使他不能靠后来的新世代的智慧不断获得新活力,不断重新被证实。

因此,现代宗教的第一个使命就是做一切彻底而严格的自我考察。"知道你自己",在世界宗教的一切大诫命里应当是首要的一条。我们应当让自己信得过,我们给人的是面包,不是石头。我们应当让自己可以断定,我们想要与世界分享的真理经得住时间考验,而且全靠它自己的长处存立,不靠迫害者的强暴,也不靠神学家和宗教哲学的巧辩。我们应当让自己知道,所有那些用他们的教条和各时代里的布鲁诺(Bruno)们、伽利略(Galileo)们、达尔文们为敌的人,并没有给他们的宗教增光彩,反倒使他成了世界文明的笑料。

接下去,现代宗教的第二个使命,我相信,就是配合着自我考察的结果,情愿做到内部的种种改造——不但要修改甚或抛弃那些站不住的教义教条,还要改组每个宗教的制度形式的,消灭那些形式,甚或,如果必要,取消那些形式。教人知道生命可以失而复得,是各大宗教共有的精神。反过来说,在堕落的情况中生存下去还不如死,也是真理。这一点对欧、美、印度、日本那些高度有组织,高度形式化的宗教说来是特别有意义的。

我们研究中国宗教的历史，可以看到很可注意的现象：因为那些宗教的制度形式薄弱，所以新的宗教总是渐渐地，几乎不知不觉地代替了旧的宗教。禅宗就是这样慢慢代替了一切旧派；净土宗也这样慢慢浸入了所有的佛教寺院和家庭。儒教也是这样，东汉的注家慢慢盖过了较古的各派，后来又和平的让位给朱子和他那一派的新解释；从宋学到王阳明的转变，随后又有趋向于近三百年的考据学的转变，都是以同样渐进方式完成的。

别的宗教却都不是这样。他们的每一个新运动都成了定理，都抗拒再进一步的变化。圣芳济会（Franciscans）在十三世纪是一个改革运动，到了二十世纪却依然是一个有权势的宗教，路得派与加尔文派在基督革新的历史上都占一个先进地位，到了我们当代却成了反动教派。所有这许许多多的宗派，本来应当是一个伟大宗教的一条演进的直线上的一些点或阶段，在今日却成了一个平面上并存的相对抗的势力，每一个都靠制度形式和传教工作使自己永存不灭，每一个都相信只有它可以使人逃避地狱之火而达到得救。而且，这样不愿失了历史的效用只想永存下去的顽强努力在今日还引起一切更老的宗教仿效，连中国的太虚和康有为也有仿效了。要求一切宗教，一切教派，一切教会，停止一切这样盲目的对抗，宣布休战，让他们都有机会想想所有这一切都为的是什么，让他们给宗教的和平、节省、合理化定出一部"全面的法典"——难道现在还不应当吗？

一个现代的宗教的最后一个大使命就是把宗教的意义和范围

扩大、伸长。我们中国人把宗教叫做"教",实在是有道理的。一切宗教开头,都是道德和社会的教化的大体系,归结却都变成了信条和仪式的奴性的守护者。一切能思想的男女现在都应当认清楚宗教与广义的教育是同共存在的,都应当认清楚凡是要把人教得更良善、更聪智、更有道德的,都有宗教和精神的价值;更都应当认清楚科学、艺术、社会生活都是我们新时代、新宗教的新工具,而且正是可以代替那旧时代的种种咒语、仪式忏悔、寺院、教堂的。

我们又要认清楚,借历史的知识看来,宗教不过是差一等的哲学,哲学也不过是差一等的科学。假如宗教对人没有作用,那不是因为人的宗教感差了,而是因为传统的宗教没有能够达成它的把人教得更良善、更聪智的基本功能。种种非宗教性的工具却把那种教化做得更成功,宗教本身正在努力争取这一切工具来支持它的形式化的生活。于是有了那些 Y. M. C. A(基督教青年会)和那些 Y. M. B. A.(佛教青年会)。但是为什么不能省掉第三个首字母(第三首字母代表基督教的 C 和代表佛教的 B)呢?为什么不坦白承认这一切运动都已没有旧的宗教性了?为什么不坦白承认这一切如果有宗教性,只是因为它们有教育性,只是因为它们要把人教得更有道德,更尊重社会呢?又为什么不爽快把我们一切旧的尊重支持移转到那些教育的新工具上,转移到那些正在替代旧的宗教而成为教导、感发、安慰的源泉的工具上呢?

因此,一切现代宗教的使命,大概就是要把我们对宗教的概念多多扩大,也就是要把宗教本来有的道德教化的功用恢复起来。一个宗教如果只限于每星期一两个小时的活动是不能发扬的，一个宗教的教化范围如果只限于几个少数神学班，这个宗教也是不能生存下去的。现代世界的宗教必须是一种道德生活，用我们所能掌握的一切教育力量来教导的道德生活。凡是能使人高尚，能使人超脱他那小小的自我的，凡是能领导人去求真理、去爱人的，都是合乎最老的意义的、合乎最好的意义的宗教；那也正是世界上一切伟大宗教的开创者们所竭力寻求的、所想留给人类的宗教。

24. 信心与反省

① 原载 1934 年 6 月 3 日《独立评论》第 103 号。——编者

……

以上说的,都只是略略指出寿生先生代表的民族信心是建筑在散沙上面,禁不起风吹草动,就会倒塌下来的。信心是我们需要的,但无根据的信心是没有力量的。

可靠的民族信心,必须建筑在一个坚固的基础之上。祖宗的光荣自是祖宗之光荣,不能救我们的痛苦羞辱,何况祖宗所建的基业不全是光荣呢?我们要指出:我们的民族信心必须站在"反省"的唯一基础之上。反省就是要闭门思过,要诚心诚意地想,我们祖宗的罪孽深重,我们自己的罪孽深重;要认清了罪孽所在,然后我们可以用全副精力去消灾灭罪。寿生先生引了一句"中国不亡是无天理"的悲叹词句。他也许不知道这句伤心的话是我十三四年前在中央公园后面柏树下对孙伏园先生说的,第二天被他记在《晨报》上,就流传至今。我说出那句话的目的,不是要人消极,是要人反省;不是要人灰心,是要人起信心,发下大宏誓来忏悔,来替祖宗忏悔,替我们自己忏悔;要发愿造新因来替代旧日种下的恶因。

今日的大患在于全国人不知耻。所以不知耻者,只是因为不曾反省。一个国家兵力不如人,被人打败了,被人抢夺了一大块土地去,这不算是最大的耻辱。一个国家在今日还容许整个的省份遍种鸦片烟,一个政府在今日还要依靠鸦片烟的税收——公卖税,吸户税,烟苗税,过境税——来做政府的收入的一部分,这是最大的耻辱。一个现代民族在今日还容许他们的最高官吏公然提倡什么"时轮金刚法会""息灾利民法会",这是最大的耻辱。一个国家有五千年的历史,而没有一个四十年的大学,甚至于没有一个真正完备的大学,这是最大的耻辱。一个国家能养三百万不能捍卫国家的兵,而至今不肯计划任何区域的国民义务教育,这是最大的耻辱。

真诚的反省自然发生真诚的愧耻。孟子说的好:"不耻不若人,何若人有?"真诚的愧耻自然引起向上的努力,要发宏愿努力学人家的好处,划除自家的罪恶。经过这种反省与忏悔之后,然后可以起新的信心;要信仰我们自己正是拨乱反正的人,这个担子必须我们自己来挑起。三四十年的天足运动已经差不多完全铲除了小脚的风气;从前大脚的女人要装小脚,现在小脚的女人要装大脚了。风气转移的这样快,这不够坚定我们的自信心吗?

历史的反省自然使我们明了今日的失败都因为过去的不努力,同时也可以使我们格外明了"种瓜得瓜,种豆得豆"的因果铁律。铲除过去的罪孽只是割断已往种下的果。我们要收新果,必须努力造新因。祖宗生在过去的时代,他们没有我们今日的新工具,也居然能给我们留下了不少的遗产。我们今日有了祖宗不曾梦见的种种新工具,当然应该有比祖宗高明千百倍的成绩,才对得起这个新鲜的世界。日本一个小岛国,那么贫瘠的土地,那么少的人民,只因为伊藤博文、大久保利通、西乡隆盛等几十个人的努力,只因为他们肯拼命的学人家,肯拼命的用这个世界的新工具,居然在半个世纪之内一跃而为世界三大强国之一。这不够鼓舞我们的信心吗?

反省的结果应该使我们明白那五千年的精神文明,那"光辉万丈"的宋明理学,那并不太丰富的固有文化,都是无济于事的银样镴枪头。我们的前途在我们自己的手里。我们的信心应该望在我们的将来。我们的将来全靠我们下什么种,出多少力。"播了种一定会有收获,用了力决不至于白费。"这是翁文灏先生要我们有的信心。

二十三,五,二十八(民国二十三年五月二十八日,1934 年 5 月 28 日)

25. 大学毕业生赠言①

---

① 收入 1929 年 7 月《中国公学毕业纪念册》。——编者

诸位毕业同学：你们现在要离开母校了，我没有什么礼物送给你们，只好送你们一句话罢。

这一句话是："不要抛弃学问。"以前的功课也许有一大部分是为了这张毕业文凭，不得已而做的，从今以后，你们可以依自己的心愿去自由研究了。趁现在年富力强的时候，努力做一种专门学问。少年是一去不复返的，等到精力衰退时，要做学问也来不及了。即为吃饭计，学问决不会辜负人的。吃饭而不求学问，三年五年之后，你们都要被后进少年淘汰掉的。到那时再想做点学问来补救，恐怕已太晚了。

有人说："出去做事之后，生活问题急需解决，哪有工夫去读书？即使要做学问，既没有图书馆，又没有实验室，哪能做学问？"

我要对你们说：凡是要等到有了图书馆方才读书的，有了图书馆也不肯读书；凡是要等到有了实验室方才做研究的，有了实验室也不肯做研究。你有了决心要研究一个问题，自然会撙衣节食去买书，自然会想出法子来设置仪器。

至于时间，更不成问题。达尔文一生多病，不能多做工，每天只能做一点钟的工作。你们看他的成绩！每天花一点钟看十页有用的书，每年可看三千六百多页书，三十年可读十一万页书。

诸位，十一万页书可以使你成一个学者了。可是，每天看三种小报也得费你一点钟的工夫；四圈麻将也得费你一点半钟的光阴。看小报呢？还是打麻将呢？还是努力做一个学者呢？全靠你们自己的选择！

易卜生说："你的最大责任是把你这块材料铸造成器。"

学问便是铸器的工具。抛弃了学问便是毁了你们自己。

再会了！你们的母校眼睁睁地要看你们十年之后成什么器。

十八，六，廿五

……

两年前的六月底，我在《独立评论》（第七号）上发表了一篇《赠与今年的大学毕业生》，在那篇文字里我曾说，我要根据我个人的经验，赠送三个防身的药方给那些大学毕业生：

第一个方子是："总得时时寻一个两个值得研究的问题。"一个青年人离开了做学问的环境，若没有一个两个值得解答的疑难问题在脑子里打旋，就很难保持学生时代的追求知识的热心。可是，如果你有了一个真有趣的问题天天逗你去想它,天天引诱你去解决它,天天对你挑衅笑你无可奈何它。这时候,你就会同恋爱一个女子发了疯一样,没有书,你自会变卖家私去买书;没有仪器,你自会典押衣服去置办仪器;没有师友,你自会不远千里去寻师访友。没有问题可研究的人,关在图书馆里也不会用书,锁在实验室里也不会研究。

第二个方子是:"总得多发展一点业余的兴趣。"毕业生寻得的职业未必适合他所学的;或者是他所学的,而未必真是他所心喜的。最好的救济是多发展他的职业以外的正当兴趣的活动。一个人的前途往往全看他怎样用他的闲暇时间,他在业余时间做的事往往比他的职业还更重要。英国哲人弥儿(J. S. Mill)的职业是东印度公司的秘书,但他的业余工作使他在哲学上,经济学上,政治思想上都有很重要的贡献。乾隆年间杭州魏之琇在一个当铺里做了二十年的伙计,"昼营所职,至夜篝灯读书",后来成为一个有名的诗人与画家(有《柳州遗稿》《岭云集》)。

第三个方子是:"总得有一点信心。"我们应该信仰:今日国家民族的失败都由于过去的不努力;我们今日的努力必定有将来的大收成。一粒一粒的种,必有满仓满屋的收。成功不必在我,而功力必然不会白费。

这是我对两年前的大学毕业生说的话。今年又到各大学办毕业的时候了。前两天我在北平参加了两个大学的毕业典礼,我心里要说的话,想来想去,还只是这三句话:要寻问题,要培养业余兴趣,要有信心。

但是,我记得两年前,我发表了那篇文字之后,就有一个大学毕业生写信来说:"胡先生,你错了。我们毕业之后,就失业了!吃饭的问题不能解决,哪能谈到研究的问题?职业找不到,那能谈到业余?求了十几年的学,到头来不能糊自己一张嘴,如何能有信心?所以你的三个药方都没有用处!"

对于这样失望的毕业生,我要贡献第四个方子:"你得先自己反省;不可专责备别人,更不必责备社会。"你应该想想:为什么同样一张文凭,别人拿了有效,你拿了就无效呢?还是仅仅因为别人有门路有援助而你没有呢?还是因为别人学到了本事而你没学到呢?为什么同叫做"大学",他校的文凭有价值,而你的母校的文凭不值钱呢?还是仅仅因为社会只问虚名而不问实际呢?还是因为你的学校本来不够格?还是因为你的母校的名誉被你和你的同学闹的毁坏了,所以社会厌恶轻视你的学堂呢?——我们平心观察,不能不说今日中国的社会事业已有逐渐上轨道的趋势,公私机关的用人已渐渐变严格了。凡功课太松,管理太宽,教员不高明,学风不良的学校,每年尽管送出整百的毕业生,他们在社会上休想得着很好的位置。偶然有了位置,他们也不会长久保持的。反过来看那些认真办理而确能给学生一种良好训练的大学,尤其是新兴的清华大学与南开大学,他们的毕业生很少寻不着好位置的。我知道一两个月之前,几家大银行早就有人来北方物色经济学系的毕业人才了。前天我在清华大学,听说清华今年工科毕业的四十多人早已全被各种工业预聘去了。现在国内有许多机关的主办人真肯留心选用各大学的人才。两三年前,社会调查所的陶孟和先生对我说:"近年北大的经济系毕业学生不如清华毕业的,所以这两年我们没用一个北大经济生。"刚巧那时我在火车上借得两本杂志,读了一篇研究,引起了我的注意;后来我偶然发现那篇文字的作者是一个北大未毕业的经济系学生,我叫他把他做的几篇研究送给陶孟和先生看看。陶先生看了大高兴,叫他去谈,后来那个学生毕业后就在社会调查所工作到如今,总算替他的母校在陶孟和先生的心目中恢复了一点已失的信用。这一件事应该使我们明白社会上已渐渐有了严格的用人标准了。在一个北大老教员主持的学术机关里,若没有一点可靠的成绩,北大的老招牌也不能帮谁寻着工作。在蔡元培先生主持的中央研究院里,去年我看见傅斯年先生在暑假前几个月就聘定了一个北大国文系将毕业的高材生,今年我又看见他在暑假前几个月就要和清华大学抢一个清华史学系将毕业的高材生。这些都应该使我们明白今日的中国社会已不是一张大学文凭就能骗得饭吃的了。拿了文凭而找不着工作的人们,应该要自己反省:社会需要的是人才,是本事,是学问,而我自己究竟是不是人才,有没有本领?从前在学校挑容易的功课,拥护敷衍的教员,打倒严格的教员,旷课、闹考、带夹带,种种躲懒取巧的手段到此全失了作用。躲懒取巧混来的文凭,在这新兴的严格用人的标准之下,原来只是一张废纸!即使这张文凭能够暂时混得一饭碗,分得几个钟点,终究是靠不住保不牢的,终究要被后起来的优秀人才挤掉的。打不破的"铁饭碗"不是父兄的势力,不是阔校长的荐书,也不是同学党派的援引,只是真实的学问与训练。——能够如此想,才是反省。能够如此反省,方才有救援自己的希望。

"毕业了就失业"的人们怎样才可以救援自己呢？没有别的法子,只有格外努力,自己多学一点可靠的本事。二十多岁的青年,若能自己勉力,没有不能长进的。这个社会是最缺乏人才又最需要人才的。一点点的努力往往就有十倍百倍的奖励,一分的成绩往往可得着十分百分的嘘声。社会上的奖掖只有远超过我们所应得的,绝没有真正的努力而不能得着社会的承认的。没有工作机会的人,只有格外努力训练自己可以希望得着工作；有工作机会而嫌待遇太薄地位太低的人,也只有格外努力工作可以靠成绩抬高他的地位。只有责己是生路,因为只有自己的努力最靠得住。

二十一,六,二十七夜(民国二十一年六月二十七日,1932 年 6 月 27 日)

26. 治学的方法[1]

---

[1] 此为胡适在广西南宁的讲演,时间当在1953年1月13日。由陈翔水、郑泗水记录。原稿上有胡适本人删改的笔记。收入《胡适遗稿及秘藏书信》第12册,黄山书社1994年版。——编者

主席、白副总司令、各位同志：

……

本来做学问，如果得着好的方法，自然容易与学问接近，所得的成绩也会比较的多。因此，我时常接得青年朋友的信，殷殷以治学的方法相询。说胡先生何以不告诉我们做学问的方法，以指导我们如何去做才会更有条理，更有成绩，让我们也好得到做学问的捷径。对于这问题，我有的或在书信上答复，有的或在学校讲演，计前后已讲十七年了。去年三月初八到天津去，也是讲这个题目，当时，因为早到了半天，就在旅馆中重温旧稿，看有什么地方可以增改，但是愈看心里愈怀疑，到最后才恍然大觉大悟，深觉十七年来所讲这无数次的治学的方法，都是错误的，于是就把旧稿都撕掉了。

三月初八那日所得的新觉悟，使我明白，治学有无成绩，有无结果,不是单靠方法就可能做得到的。在方法之前还须有更重要的先决条件,那些先决条件不具备,即有方法也是没有用的。《西游记》的孙大圣,因为上西天取经去,怕路上要遇到许多艰难,所以就求观世音给他三根救命毫毛,放在身边,以便解决一切的危急。假如做学问也和唐僧求经一样要经过九九八十一劫,那么,难关还有一定的数目,然而做学问这一条路的历程,却是无穷尽的,其难关也不止九九八十一。如果我可以借给你们三根毫毛,或者一把百宝宝钥,以便诸君都能够深达学问的堂奥,岂不甚妙?无奈我去年三月以来的新觉悟,使我知道做学问是无捷径的,也无小路可走,更无三根毫毛般的百宝宝钥可求。我们应当在方法之外,先解决做学问的基本条件,依据这种基本条件以建立学问的基础,以后,治学的方法,自然而然地也就有了。现在我把去年在天津旅馆里所觉悟到的两个基本条件贡献给诸位,这或许比三根毫毛还有用呢!

我以为在做学问之前,应先有下列两个条件:第一是有博大的准备,第二是养成良好的习惯。兹请依序说明之。

(一)准备 做学问的准备工作,就是先要打个底子,先要积累知识经验,才能基础打好。基础打好了,学问的初步也就有相当的成功了。做学问的第一步工夫,先在日日探求知识,搜集材料,不要急谈方法,更不要急求成绩,知识日深,材料日多,自然有方法,有成绩了。即古人所谓开卷有益之意也。所以现在做学问不但要开卷,而且什么东西都要用,以作做学问的基础。诸位知道,在科学史上有一段佳话,说牛顿看见苹果自树上坠下,后来就依之发现地心吸力的定律。这种稀世的发明,不独当时和现在的学术界受了绝大的影响,即将来影响于学术界亦必无穷尽。但是苹果的坠地,可以说是我们天天所看得见的,但是为什么不知道去发明,倒让牛顿发明了去呢?原来我们所以不及牛顿的地方,就是因为没有牛顿的博学的基础。我们都以为苹果的坠下是当然的,用不着再加怀疑,但是牛顿对苹果的坠下却发生了怀疑,他想:苹果为什么不向空中飞去了呢?他的成功是因为有了精博的学问,对于当时十六、十七世纪的新科学有了深切的研究。因此做学问必要先有丰富的知识来做基础,这是不待言的。所以我们现在可以得到一个结论:做学问的先决条件,不是重在先得方法,而是在先求知识,抱定开卷有益的态度,先造成广博精深的基础,然后才来做学问。宋朝的王安石,其道德、学问、功业,都可以说是中国历史上第一等人。他有几句很警惕的话,是值得我们注意的。他的朋友曾子固因为看他做学问方法太杂,就写信勉诫他。王安石先生因此就作书答他说:

……读经而已,则不足以知经。故自百家诸子之书,至《难经》《素问》《本草》诸小说,无所不读,农夫女工,无所不问,然后于经为能知其体而无疑。盖后世之学者与先王之时异矣,不如是,不足以尽圣人故也。……致其知而后读,以有所去取,故异学不能乱也。

我们现在离王安石先生的年代,虽已有八百余年之久,但一读他前面的一段文章,再把"致其知而后读"的意思仔细体味起来,深觉其言,实大有至理。所以做学问应该以广博精深的学问来做基础,不论它是牛溲马渤,竹头木屑,都要兼收并蓄,使对于各种知识,无所不知,无所不晓,然后做学问才能有成绩;否则,即有孙大圣的三根救命毫毛,亦无补于事。不过,或许有人对于"致其知而后读"的意义还有怀疑,现在请再举例以明之。

我现在要举的例是《墨子》。《墨子》这部书,可以说是中国古代的一部奇书。墨子大家都知道他是讲兼爱的,反对儒家和杨朱一派的思想的。因为历来儒家的思想占了优胜,所以《墨子》这部书,就久被人所摒弃了。两千年来去注意它的人很少,所以其中遂致有许多残缺讹误之处。全书最值得注意的,是《经上》《经下》《经说上》《经说下》《大取》《小取》等六篇。这六篇记载着当时墨子学派的各种科学理论,一向因为没有人看得懂,注意的人就更少了。到了乾隆时代,才有人稍为看得懂,也才知道其中有须横看的。及至清末中西文化沟通后,中国人从西方学得了几何学、光学、力学之学,后来又有人懂得了伦理学、知识论等,到了这个时候,把墨子的书打开来看,才骇然惊喜,原来在《墨子》里有许多地方是可以用这些新知识来解释的。不过,在这里值得我们注意的,就是为什么以前的人对于《墨子》一书能够了解的是这么少,到了后来能了解的人反而这么增多呢?我们的知识越多,我们了解《墨子》也越多。这就是"致其知而后读"的道理。所以从以上的论据看来,可以使我们明白,凡是知道的事物越多,知识就越广,知识越广,就越容易做学问。

说到这里,让我再引个例证,来说明准备工作对于做学问的重要。大家知道达尔文是一个生物学大家,他一生为了研究生物演进的状态,费了二十多年的光阴,他曾经亲自乘船游历全世界,采集各种动植物的标本和研究其分布的状况,积了许多材料,但是总想不出一个原则来统括他的学说。有一天偶然读起马尔萨斯(Thomas Robert Malthus 1766—1834)的《人口论》,说粮食的增加是照数学级数,即是依一、二、三以上升;人口的增加却是照几何级数,即是依二、四、八以上升,所以人口的增加快于粮食。达尔文看到这里,豁然开朗地觉悟起来了,因此确定了"生存竞争,优胜劣败"的原理。我们知道达尔文二三十年所研究的生物学的学问,但是还要依赖经济学来补助,才能替他的整个学问找到一个基本的原则,可见学问要广博,知识要丰富,不应只是注重于方法的问题,还须扩大学问的角度和台基,以为做学问的基础,然后学问才有成就的希望。

(二)养成良好的习惯。上面我已经详述做学问的工夫,须要有广博的知识来做基础,但是单持有广博的知识,还是不足用,此外,还要养成两三种良好的习惯才成。通常所谓伦理学或方法论,想诸位也知道其中有演绎归纳等的方法。如果以为伦理学或方法论可以完全解决做学问的问题,诸位早就可以在教科书里求得了。正因为做学问的工夫,并不单应在方法上考究,所以每一个人在学问上造就的深浅,都是有赖于良好习惯的养成。试看古今中外的大学问家如王念孙、戴东原、顾亭林、牛顿、达尔文等,哪一个不是从良好习惯中淘练出渊博伟大的学问来?所以在做学问之前,应有的第二条件,就是养成好的习惯。

良好习惯的养成约有三种:

（一）勤（要勤快，不要懒，不怕苦。）

（二）慎（不苟且，不潦草，不随便，要负责任。）

（三）虚（不要有成见，要虚心。）

现在先从"勤"字讲起：

中国今日的新史学家顾颉刚先生，大家都知道他的《古史辨》是对于中国史学上贡献很大的。他平生治学的工夫，有许多是可以取法的，他的好处就在一个"勤"字。试举一件事做个例。以前顾先生还在做学生的时候，有人知道他的经济上很困难，就拿一本《古今伪书考》嘱他用标点符号标点出来，以便送到书店卖一笔钱。可是书交他之后，等了一月两月半年一年，还没有见到他交还。一天我到他房里去看他，问起这件事，他就拿出了一大堆的稿子来，已经整理成为一大堆有系统的史料了。我问他："怎么倒弄成了考据呢？"他说："这有什么办法，书中不是残缺不全，就是讹误百出，怎能不细心来替它整理整理呢？"这种不肯偷懒的精神，就是他在学术上成功的秘诀。

现在再让我介绍顾亭林先生的治学方法。大家知道顾亭林先生平生治学是非常勤谨的，他为了要证明"服"字古音读做"比"音，就不惮烦劳，把所有的古书检出一百六十二条的证据。可见古人做学问所以有成绩的缘故，不论在何种条件之下，都少不了一个"勤"字。

其次说到"慎"字。

我们做学问，不论中国字的一点一滴、一笔一画，外国字小小的一个字母，或是研究自然科学或数学上的一小圈，亦不可轻易把它放过。我看见现在有一班做学问的青年，其所以失败，就是因为太不慎，换言之，就是太苟且，太撒烂污了。譬如近人翻译外国文学书，竟将 Oats 译做橡树，即将 Oats 误当做 Oaks；虽只是一小字母的差别，但却将小麦译做大橡树，这不是谬以毫厘，差以千里吗？又以前曾看到一篇翻译的小说，描写一个女人生肺炎病，她的女友就拿猪肉给她吃。看到这里，心里很纳闷，即以普通常识来想，也知道生了肺炎病的人，无论怎样都不应该给她吃猪肉，后来一查原文，才知道是把 Port 误译做 Pork。这不过随便略举一二而已，也就可见一般做学问的人太不小心了。但是，我们不能因为错误太小，就轻轻把它放过，治学的态度，要像做法官做侦探一样，丝毫不苟且，虽是极细微的地方，也要一样的注意。在这里我愿意再举出几个例来：

中国的文字中的"于"字和"於"字，以及"维"字，"言"字，都有其独特用法的，一向大都不十分去注意它。例如"于"字和"於"字的用法，普通以为没什么分别。可是有一位瑞典人高本汉（Karlgren）研究《左传》便发现了"于"和"於"两字的用法是各有不同的，这是我们所未尝注意到的。他还把它做出一个详细的表来。依他就用字法研究的结果，到现在我们才知道所谓的《左传》的作者鲁君子左丘明的真假实在发生问题，而据高本汉所证明的，此书的作者是山西人而不是山东人。

又我的学生某君，一次曾以"弗"和"不"两字有什么不同相问，并举出不少的例子以相示，我就嘱他继续去研究。后来，研究的结果,才知道"弗"字具有"不之"两字合起来的意思,就是"半夜邻有求,无弗给",等于"半夜邻有求,无不之给"。由此可见做学问是要慎重的,研究自然科学的固然尤应该格外小心,即其他事业,如法官侦探亦何尝不应如此。

最末了说到"虚"字。

"虚"字就是"虚心"的意思。做学问贵能虚心,事先不为成见所入,一如法官的审案,虽搜集各种证据,都可加人罪名,但于证据中,还须再三慎重的考虑,避绝一切憎爱的成见,然后才不至于枉法。譬如苹果为什么会坠地、"弗"与"不"为什么不同……凡此种种都得虚心去考虑。

综上所述,我们知道,凡做学问所以能有成绩的,不在方法而在勤、慎、虚。换言之,就是要笨干。所谓科学方法者,亦离不了上述这三种要件。假使具备了这三种要件,科学方法就随之而来了。如王念孙、顾亭林、戴东原等,他们的学问何尝不是笨干出来的?我在西大讲演,说到"维"字,它的意义很多,如"维是文王,维是熙熙",祭文上的"维中华民国某年某月某日",涵义各有不同。究竟"维"字怎样解说呢?《诗经》里就有了三百几字的"维"字,在我们都有些洋脾气的人,在这里自应先认为不懂,再去翻古书,把找得到的"维"字,都抄出来,一一拿来比较,然后就容易明白了,这样终于确定"维"字是一个感叹词。老子说:"维之於呵,相去几何",也可以证明原来"维"就是"呵"的意思。

最后我有几句话要忠告诸位,就是做学问并无捷径小路可走。

更没有一定的方法可受用无穷的,如果真有这方法,我为何不乐意奉送给诸位？记得以前有龟兔赛跑的故事,是希腊最有名的寓言,可以拿出来供诸位做学问的教训。我觉得世界上有两派人:一派是乌龟派;一派是兔子派。凡是在学问上有大成就像达尔文、牛顿一班人,都是既有兔子的天才,又有乌龟的功力,所以能够成为世界上最堪景仰的人。不过兔子的聪明,不是人人都有的,但乌龟的功力,则人人可学。在这里我希望诸位在做学问方面努力去学做乌龟,中国就不怕不产生无数像达尔文、牛顿、瓦特这一类的大学问家了。

27. 个人自由与社会进步[①]

[①] 本文载于 1935 年 5 月 12 日《独立评论》第 150 号。——编者

五月五日《大公报》的"星期论文"是张熙若先生的《国民人格之修养》。这篇文字也是纪念"五四"的，我读了很受感动，所以转载在这一期。我读了张先生的文章，也有一些感想，写在这里作今年五四纪念的尾声。

这年头是"五四运动"最不时髦的年头。前天五四，除了北京大学依惯例还承认这个北大纪念日之外，全国的人都不注意这个日子了。张熙若先生"雪中送炭"的文章使人颇吃一惊。他是政治哲学的教授，说话不离本行，他指出五四运动的意义是思想解放，思想解放使得个人解放，个人解放产出的政治哲学是所谓个人主义的政治哲学。他充分承认个人主义在理论上和事实上都有缺点和流弊，尤其在经济方面。但他指出个人主义自有它的优点：最基本的是它承认个人是一切社会组织的来源。他又指出个人主义的政治理论的精髓是承认个人的思想自由和言论自由。他说：

> 个人主义在理论上及事实上都有许多缺陷流弊，但以个人的良心为判断政治上是非之最终标准，却毫无疑义是它的最大优点，是它的最高价值。……至少，它还有养成忠诚勇敢的人格的用处。此种人格在任何政治下（除过与此种人格根本冲突的政治）都是有无上价值的，都应该大量的培养的。今日若能多多培养此种人才，国事不怕没有人担负。救国是一种伟大的事业，伟大的事业惟有有伟大人格者才能胜任。

张先生的这段议论，我大致赞同。他把"五四运动"一个名词包括"五四"（民国八年）前后的新思潮运动，所以他的文章里有"民国六七年的五四运动"一句话。这是五四运动的广义，我们也不妨沿用这个广义的说法。张先生所谓"个人主义"，其实就是"自由主义"（Liberalism）。我们在民国八九年之间，就感觉到当时的"新思潮""新文化""新生活"有仔细说明意义的必要。无疑的，民国六七年北京大学所提倡的新运动，无论形式上如何五花八门，意义上只是思想的解放与个人的解放。蔡元培先生在民国元年就提出"循思想自由言论自由之公例，不以一流派之哲学一宗门之教义梏其心"的原则了。他后来办北京大学，主张思想自由，学术独立，百家平等。在北京大学里，辜鸿铭、刘师培、黄侃、陈独秀和钱玄同等同时教书讲学。别人颇以为奇怪。蔡先生只说："此思想自由之通则，而大学之所以为大也。"（《言行录》页二二九）这样的百家平等，最可以引起青年人的思想解放。我们在当时提倡的思想，当然很显出个人主义的

色彩。但我们当时曾引杜威先生的话,指出个人主义有两种:

（一）假的个人主义就是为我主义(Egoism),它的性质是只顾自己的利益,不管群众的利益。

（二）真的个人主义就是个性主义(Individuality),它的特性有两种:一是独立思想,不肯把别人的耳朵当耳朵,不肯把别人的眼睛当眼睛,不肯把别人的脑力当自己的脑力。二是个人对于自己思想信仰的结果要负完全责任,不怕权威,不怕监禁杀身,只认得真理,不认得个人的利害。

这后一种就是我们当时提倡的"健全的个人主义"。我们当日介绍易卜生的著作,也正是因为易卜生的思想最可以代表那种健全的个人主义。这种思想有两个中心见解:第一是充分发展个人的才能,就是易卜生说的:"你要想有益于社会,最好的法子莫如把你自己这块材料铸造成器。"第二是要造成自由独立的人格,像易卜生的《国民公敌》戏剧里的斯铎曼医生那样"富贵不能淫,贫贱不能移,威武不能屈"。这就是张熙若先生说的"养成忠诚勇敢的人格"。

近几年来,五四运动颇受一班论者的批评,也正是为了这种个人主义的人生观。平心说来,这种批评是不公道的,是根据于一种误解的。他们说个人主义的人生观是资本主义社会的人生观。这是滥用名词的大笑话。难道在社会主义的国家里就可以不用充分发展个人的才能了吗?难道社会主义的国家里就用不着有独立自由思想的个人了吗?难道当时辛苦奋斗创立社会主义共产主义的志士仁人都是资本主义社会的奴才吗?我们试看苏俄现在怎样用种种方法来提倡个人的努力的(参看《独立》第一二九号西滢的《苏俄的青年》和蒋廷黻的《苏俄的英雄》),就可以明白这种人生观不是资本主义社会所独有的了。

还有一些人嘲笑这种个人主义,笑它是十九世纪维多利亚时代的过时思想。这种人根本就不懂得维多利亚时代是多么光华灿烂的一个伟大时代。马克思、恩格斯都生死在这个时代里,都是这个时代的自由思想独立精神的产儿。他们都是终身为自由奋斗的人。我们去维多利亚时代还老远哩,我们如何配嘲笑维多利亚时代呢!

所以我完全赞同张熙若先生说的"这种忠诚勇敢的人格在任何政治下都是有无上价值的,都应该大量的培养的"。因为这种人格是社会进步的最大动力。欧洲十八九世纪的个人主义造出了无数爱自由过于面包,爱真理过于生命的特立独行之士,方才有今日的文明世界。我们现在看见苏俄的压迫个人自由思想,但我们应该想想,当日在西伯利亚冰天雪地里受监禁拘囚的十万革命志士,是不是新俄国的先锋?我们到莫斯科去看了那个很感动人的"革命博物馆",尤其是其中展览列宁一生革命历史的部分,我们不能不深信:一个新社会、新国家,总是一些爱自由爱真理的人造成的,绝不是一班奴才造成的。

二十四,五,六

28. 为学生运动进一言[①]

[①] 载 1935 年 12 月 15 日天津《大公报》。

……

九日以后，各校学生忽然陆续有罢课的举动，这是我们认为很不幸的。

罢课是最无益的举动。在十几年前，学生为爱国事件罢课可以引起全国的同情。但是五四以后，罢课久已成了滥用的武器，不但不能引起同情，还可以招致社会的轻视与厌恶。这是很浅显的事实，青年人岂可不知道？

罢课不但不能丝毫感动抗议的对象，并且决不能得着绝大多数好学的青年人的同情。所以这几天鼓动罢课的少数人全靠播弄一些无根的谣言来维持一种浮动的心理。城内各校传说清华大学死了一个女生，城外各校传说师范大学死了一个女生。其实都是毫无根据的谣言。这样的轻信，这样的盲动，是纯洁的青年学生界的耻辱。捏造这种谣言来维持他们的势力的人,是纯洁的青年运动的罪人。

我们爱护青年运动的人,不忍不向他们说几句忠告的话。第一,青年学生应该认清他们的目标。在这样的变态政治之下,赤手空拳的学生运动只能有一个目标,就是用抗议的喊声来监督或纠正政府的措施。他们的喊声是舆论,是民意的一种表现。用在适当的时机,这种抗议是有力量的,可以使爱好的政府改过迁善,可以使不爱好的政府有所畏惧。认清了这一点,他们就可以明白一切超过这种抗议作用(舆论作用)的直接行动,都不是学生集团运动的目标。

第二,青年学生应该认清他们的力量。他们的力量在于组织,而组织必须建筑在法治精神的基础之上。法治精神只是明定规律而严守它。一切选举必须依法,一切讨论必须使人人能表现其意见,一切决议必须合法。必须如此,然后团体的各个分子可以心悦诚服,用自由意志来参加团体的生活。这样的组织才有力量。一切少数人的把持操纵,一切浅薄的煽惑,至多只能欺人于一时,终不能维持长久,终不能积厚力量。

第三,青年学生应该认清他们的方法。他们都在受教育的时代,所以一切学生活动都应该含有教育自己训练自己的功用。这不是附带的作用,这是学生运动的方法本身。凡自由地发表意见,虚心地研究问题,独立地评判是非,严格地遵守规则,勤苦地锻炼身体,牺牲地维护公众利益,这都是有教育价值与训练功用的。此外,凡盲从、轻信、武断、压迫少数、欺骗群众、假公济私、破坏法律,都不是受教育时代的青年人应该提倡的，所以都不是学生运动的方法。团体生活的单位究竟在于健全的个人人格。学生运动必须注意到培养能自由独立而又能奉公守法的个人人格。一群被人糊里糊涂牵着鼻子走的少年人，在学校时决不会有真力量，出了校门也只配做顺民，做奴隶而已。

第四，青年学生要认清他们的时代。我们今日所遭的国难是空前的大难，现在的处境已够困难了，来日的困难还要千百倍于今日。在这个大难里，一切耸听的口号标语固然都是空虚无补，就是在适当时机的一声抗议至多也不过临时补漏救弊而已。青年学生的基本责任到底还在平时努力发展自己的知识与能力。社会的进步是一点一滴的进步，国家的力量也靠这个那个人的力量。只有拼命培养个人的知识与能力是报国的真正准备工夫。

29. 知识的准备①

---

① 本文是胡适 1941 年 6 月中旬在美国普渡大学毕业典礼上的演讲,郭博信翻译。录自 1984 年台北联经初版的《胡适之先生年谱长编初稿》第 5 册。——编者

一

在这个值得纪念的仪式完毕之后,你们就被列入少数特权分子之列——大学毕业生。今天并不是标示着人生一段时期的结束或完毕,而是一个新生活的开始,一个真正生活和真正充满责任的开端。

人家对你们作为大学毕业生的,总期望会与平常人有所不同,和大多数没有念过大学的人有所不同。他们预料你们言行会有怪异之处。

你们有些人或许不喜欢人家把你们目为与众不同、言行怪异的人。你们或许想要和群众混在一起,不分彼此。

让我们向你们保证,要回到群众中间,使人不分彼此,是一件容易做到的事。假如你们有这个愿望,你们随时都可以做到,你们随时都可以成为一个"好同伴",一个"易于相处的人";而人们,包括你们自己,马上就会忘记你们曾经念过大学这回事。

虽然大学教育当然不该把我们造成为"势利之徒"和"古怪的人",可是我们大学毕业生一直保留一点儿与众不同的标志,却也不是一件坏事。这一点儿与众不同的标志,我相信,是任何学术机构的教育家所最希望造成的。

大学男女学生与众不同的这个标志是什么呢?多数教育家都很可能会同意的说,那是一个多少受过训练的脑筋——一个多少有规律的思想方式。这会使得,也应当使得,受大学教育的人显出有些与众不同的地方。

一个头脑受过训练的人在看一件事是用批判和客观的态度,而且也用适当的知识学问为凭依。他不容许偏见和个人的利益来影响他的判断,和左右他的观点。他一直都是好奇的,但是他绝对不会轻易相信人。他并不仓促地下结论,也不轻易地附和他人的意见;他宁愿耽搁一段时间,一直等到他有充分的时间来查考事实和证据后,才下结论。

总而言之,一个受过训练的头脑,就是对于易陷人于偏见、武断和盲目接受传统与权威的陷阱,存有戒心和疑惧。同时,一个受过训练的脑筋绝不是消极或是毁灭性的。他怀疑人并不是喜欢怀疑的缘故,也并不是认为"所有的话都有可疑之处,所有的判断都有虚假之处"。他之所以怀疑是为了想确切相信一件事。为了要根据更坚固的证据和更健全的推理为基础,来建立或重新建立信仰。

你们四年的研究和实验工作一定教过你们独立思考、客观判断、有系统的推理,和根据证据来相信某一件事的习惯。这些就是,也应当是,标示一个人是大学生的标志。就是这些特征才使你们显得"与众不同"和"怪异",而这些特征可能会使你们不孚众望和不受欢迎,甚至为你们社会里大多数人所畏避和摒弃。

可是,这些有点令人烦恼的特点却是你们母校于你们居留在此时间中,所教导你们而为此最感觉自豪的事。这些求知习惯的训练,如果我没有判断错误的话,也就是你们在大学里有责任予以培养起来的,回家时从这个校园里所带走的,并且在你们整个一生和在你们一切各种活动中,所继续不断的实行和发展的。

伟大的英国科学家,同时也是哲学家的赫胥黎(Thomas H. Huxley)曾说过:"一个人一生中最神圣的行为就是口里讲,内心深感觉到这句话:'我相信某件事是实在的。'聚附在那个行为上的是人生存在世上一切最大的报酬和一切最严重的责罚。"要成功的完成这一个"最神圣的行为",那应用在判断、思考,和信仰上的思想训练和规律是必要的。

所以在这一个值得纪念的日子,你们必须问自己的第一个问题就是:我是否获得所期望于为一个受大学教育的我所该有的充分知识训练吗?我的头脑是否有充分的装备和准备来做赫胥黎所说的"一个人一生中最神圣的行为"?

二

我们必须要体会到"一个人一生中最神圣的行为"也同时是我们日常所需做的行为。另一个英国哲学家弥尔(John Stuart Mill)曾说过:"各个人每天每时每刻都需要确切证实他所没有直接观察过的事情……法官、军事指挥官、航海人员、医师、农场经营者(我们还可以加上一般的公民和选民)的事,也不过是将证据加以判断,并按照判断采取行动……就根据他们做法(思考和推论)的优劣,就可决定他们是否尽其分内的职责。这是头脑所不停从事的职责。"

由于人人每日每时都需要思考,所以人在思考时,极容易流于疏忽、漠不关心和习惯性的态度。大学教育毕竟难以教给我们一整套精通与永久适用的求知习惯,原因是其所需的时间远超过大学的四年。大学毕业生离开了他的实验室和图书馆,往往感觉到他已经工作得太劳累,思考得太辛苦,毕业后应当享受到一种可以不必求知识的假期。他可能太忙或者太懒,而无法把他在大学里刚学到而还没有精通的知识训练继续下去。他可能不喜欢标榜自己为受过大学教育"好炫耀博学的人"。他可能发现讲幼稚的话与随和大众的反应是一种调剂,甚至是一种愉快的事。无论如何,大学毕业生离开大学之后,最普遍的危险就是溜回到怠惰和懒散方式的思考和信仰。

所以大学生离开学校后,最困难的问题就是如何继续培养精稔实验室研究的思考态度和技术,以便将这种思考的态度和技术扩展到他日常思想、生活,和各种活动上去。

天下没有一个普遍适用以提防这种懒病复发的公式。但是我们仍然想献给列位一个简单的妙计,这个妙计对我自己和对我的学生和朋友都很实用。

我所想要建议的是各个大学毕业生都应当有一个或两个或更多足以引起兴趣和好奇心的疑难问题,借以激起他的注意、研究、探讨,或实验的心思。你们大家都知道的,一切科学的成就都是由于一个疑难的问题碰巧激起某一个观察者的好奇心和想象力所促成的。有人说没有装备良好的图书馆和实验室是无法延续求知的兴趣。这句话是不确实的。请问阿基米德、伽利略、牛顿、法拉第,或者甚至达尔文或巴斯德究竟有什么实验室或图书馆的装备呢?一个大学毕业生所需要的仅是一些会激起他的好奇心,引起他的求知欲和挑激他的想法求解决的有趣的难题。那种挑激引发的性质就足够引致他搜集资料、触类旁通、设计工具,和建立简单而适用的试验和实验室。一个人对于一些引人好奇的难题不发生兴趣的话,就是处在设备良好的实验室和博物馆中,知识上也不会有任何发展。

四年的大学教育所给予我们的,毕业只不过是已经研究出来和尚未研究出来的学问浩瀚范园的一瞥而已。不管我们主修的是哪一个科目,我们都不应当有自满的感觉,以为在我们专门科目范围内,已经没有不解决的问题存在。凡是离开母校大门而没有带一两个知识上的难题回家去,和一两个在他清醒时一直缠绕着他的问题,这个人的知识生活可以说是已经寿终正寝了。

这是我给你们的劝告：在这一个值得纪念的日子里，你们该花费几分钟，为你们自己列一个知识的清单，假如没有一两个值得你们下决心解决的知识难题，就不轻易步入这个大世界。你们不能带走你们的教授，也不能带走学校的图书馆和实验室。可是你们带走几个难题。这些难题时刻都会使你们知识上的自满和怠惰下来的心受到困扰。除非你们向这些难题进攻，并加以解决，否则你们就一直不得安宁。那时候，你们看吧，在处理和解决这些小难题的时候，你们不但使你们思考和研究的技术逐渐纯熟和精稔，而且同时开拓出知识的新地平线并达到科学的新高峰。

三

这种一直有一些激起好奇心和兴趣疑难问题来刺激你们的小妙计有许多功用。这个妙计可使你们一生中对研究学问的兴趣永存不灭，可开展你们新嗜好的兴趣，把你们日常生活提高到超过惯性和苦闷的水准之上。常常在沉静的夜里，你们突然成功的解决于一个讨厌的难题而很希望叫醒你们的家人，对他们叫喊着说："我找到了，我找到了！"那时候给你们的是知识上的狂喜和很大的乐趣。

但是这种自找问题和解决问题方式最重要的用处，是在于用来训练我们的能力，磨炼我们的智慧，而因此使我们能精稔实验与研究的方法和技术。对思考技术的精稔可能引使你们达到创造性的知识高峰；但是也同时会渐渐地普遍应用在你们整个生活上，并且使你们在处理日常活动时，成为比较懂得判断的人，会使你们成为更好的公民，更聪明的选民，更有知识的报纸读者，成为对于目前国家大事或国际大事一个更为胜任的评论者。

这个训练对于为一个民主国家里公民和选民的你们是特别重要的。你们所生活的时代是一个充满了惊心动魄事件的时代，一个势要毁灭你们政府和文化根基的战争时代。而从各方面拥集到你们身上的是强有力不让人批驳的思想形态，巧妙的宣传，以及随意歪曲的历史。希望你们在这个要把人弄得团团转的旋风世界中，要建立起你们判断力，要下自己的决定，投你们的票，和尽你们的本分。

有人会警告你们要特别提高警觉，以提防邪恶宣传的侵袭。可是你们要怎样做才能防御宣传的侵入呢？因为那些警告你们的人本身往往就是职业的宣传员，只不过他们罐头上所用的是不同的商标；但这些罐头里照样是陈旧的和不准批驳的东西！

例如，有人告诉你们，上次世界大战所有一切唯心论的标语，像"为世界民主政治的安全而战"和"以战争来消弭战争"，这些话，都是想讨人欢喜的空谈和烟幕而已。但是揭露这件事的人也就是宣传者，他要我们全体都相信美国之参加上次世界大战是那些"担心美元英镑贬值"放高利贷者和发战争财者所促成的。

再看另一个例子。你们是在一个信仰所培养之下长大起来的。这些信仰就是相信你们的政府形式，属于人民的政府，尊敬个人的自由，特别是相信那保护思想、信仰、表达和出版等自由的政府形式是人类最伟大的成就之一。但是我们这一代的新先知们却告诉你们说,民主的代议政府仅是资本主义制度下的一个必然的副产品,这个制度并没有实质的优点,也没有永恒的价值;他们又说个人的自由并不一定是人们所希求的,为了集体的福利和权力的利益起见,个人的自由应当视为次要的,甚至应当加以抑压下去的。

这些和许多其他相反的论调到处都可以看到听到,都想要迷惑你们的思想,麻木你们的行动。你们需要怎么样准备自己来对付一切所有这些相反的论调呢?当然不会是紧闭着眼睛不看,掩盖着耳朵不听吧。当然也不会躲在良好的古老传统信仰的后面求庇护吧,因为受攻击和挑衅的就是古老的传统本身。当然也不会是诚心诚意的接受这种陈腔滥调和不准批驳的思想和信仰的体系,因为这样一个教条式的思想体系可能使你们丢失了很多的独立思想,会束缚和奴役你们的思想,以致从此之后,你们在知识上说,仅是机械一个而已。

你们可能希望能保持精神上的平衡和宁静,能够运用你们自己的判断,唯一的方法就是训练你们的思想,精稔自由沉静思考的技术。使我们更充分了解知识训练的价值和功效的就是在这知识困惑和混乱的时代。这个训练会使我们能够找到真理——使我们获得自由的真理。

关于这种训练与技术,并没有什么神秘的地方。那就是你们在实验室所学到的,也就是你们最优秀的教师终生所从事,而在你们研究论文上所教你们的方法,那就是研究和实验的科学方法。也就是你们要学习应用于解决我所劝你们时刻要找一两个疑难问题所用的同样方法。这个方法,如果训练得纯熟精通,会使我们能在思考我们每天必须面对有关社会、经济和政治各项问题时,会更清楚,会更胜任的。

以其要素言,这个科学技术包括非常专心注意于各种建议、思想和理论,以及后果的控制和试验。一切思考是以考虑一个困惑的问题或情况开始的。所有一切能够解决这个困惑问题的假设都是受欢迎的。但是各个假设的论点却必须以在采用后可能产生的后果来作为适用与否的试验,凡是其后果最能满意克服原先困惑所在的假设,就可接受为最好和最真实的解决方法。这是一切自然、历史和社会科学的思考要素。

人类最大的谬误,就是以为社会和政治问题简单得很,所以根本不需要科学方法的严格训练,而只要根据实际经验就可以判断,就可以解决。

但是事实却是刚刚相反的。社会与政治问题是关联着千千万万人命和福利的问题。就是由于这些极具复杂性和重要性的问题是十分困难的,所以使得这些问题到今日还没有办法以准确的定量衡量方法和试验与实验的精确方法来计量。甚至以最审慎的态度和用严格的方法无法保证绝无错误。但是这些困难却省免不了我们用尽一切审慎和批判的洞察力来处理这些庞大的社会和政治问题的必要。

两千五百年前某诸侯问孔子说:"一言而可以兴邦……一言而丧邦有诸?……"

想到社会与政治的问题,总会提醒我们关于向孔子请教的这两个问题,因为对社会与政治的思考必然会连带想起和计划整个国家,整个社会,或者整个世界的事。所以一切社会与政治理论在用以处理一个情况时,如果粗心大意或固守教条,严重的说来,可能有时候会促成预料不到的混乱、退步、战争和毁灭,有时就真的是一言兴邦,一言丧邦。

刚就在前天,希特勒对他的军队发出一个命令,其中说到一句话:他要决定他的国家和人民未来一千年的命运!

但希特勒先生一个人是无法以个人的思想来决定千千万万人的生死问题。你们在这里所有的人需要考虑你们即将来临的本地与全国选举中有所选择,所有的人需要对和战问题表达意见,并不决定。是的,你们也会考虑到一个情况,你们在这个情况中的思考是正确,是错误,就会影响千千万万人的福利,也可能直接或间接的决定未来一千年世界与其文化的命运!

所以为少数特权阶级的大学男女,严肃地和胜任地把自己准备好,以便在今日的这个时代,这个世界,每日从事思考和判断,把我们自己训练好,以便作有责任心的思考,乃是我们神圣的任务。

有责任心的思考至少含着三个主要的要求:第一,把我们的事实加以证明,把证据加以考查;第二,如有差错,谦虚的承认错误,慎防偏见和武断;第三,愿意尽量彻底获致一切会随着我们观点和理论而来的可能后果,并且道德上对这些后果负责任。

怠惰的思考,容许个人和党团的因素不知不觉的影响我们的思考,接受陈腐和不加分析的思想为思考之前提,或者未能努力以获致可能后果,来试验一个人的思想是否正确等等就是知识上不负责任的表现。

你们是否充分准备来做这件在你们一生中最神圣的行动——有责任心的思考?

30. 中学生的修养与择业[①]

[①] 1952年12月27日在台东县欢迎会上的讲演词。收入1953年台北华国出版社《胡适言论集》甲编等。——编者

……

今天我应该讲些什么？事先曾请教吴县长、师范刘校长和同来的几位朋友，他们以今天到场的大多数是青年朋友们，也有青年朋友们的父兄，因此要我讲讲中等教育的东西。同时，我到过的地方，许多朋友常常问我中学生应注重什么？中学毕业后，升学的应该怎样选科？到社会里去的应该怎样择业？我是不懂教育的，不过年纪大些，并且自己也是经过中学大学出来的，同时看到朋友们与我们自己的子弟经过中学，得到一点认识，愿意将自己的认识提出来供大家参考，今天讲的题目就是："中学生的修养与中学生的择业"。

中学生的修养应注重两点：

（一）工具的求得。中学生大概是从十二岁的幼年到十八岁的青年，这个时期是决定他将来最重要的一个时期。求知识与做人、做事的工具,要在这个时期求得。古人说:"工欲善其事,必先利其器。"中学生要将来有成就,便应该注意到"求工具"——学业上、事业上、求知识上所需要的工具。求工具的目标有二:一是中学毕业后无力升学到社会里去就业;一是继续升学。

第一种工具是言语文字。不论就业升学,以我个人的经验和观察所得,语言文字是最需要的工具。在中学里不仅应该学好本国的语言文字,最好能多学一二种外国的语言文字。它是就业升学的钥匙,能为我们打开知识的门,多学得一种语言,等于辟开一个新的花园、新的世界。语言文字,可以说是中学时期应该求得的工具当中非常重要的了。在中学时期如果没有打好语言文字的基础,以后做学问非常的困难。而且过了这个时期,很少能够把语言文字弄好的。

第二种工具是科学的基本知识。许多人都说学了数学,将来没有什么用处,这是错误的。数学是自然科学重要的钥匙,如果不能把这个重要的钥匙——数学,与物理学、化学、生物学、矿物学、植物学等,在中学时期学好,则不能求得新的知识。所以中学时期最重要的,是把这些基本知识弄好。

青年们在学校里对于各种基本科学,不能当它是功课,是学校课程里面需要的功课,应该把它当成求知识、做学问、做人的工具,必不可少的工具。拿工具这个观念来看课程,课程便活了。拿工具这个观念来批评课程,可以得到一个标准。首先看看哪些功课够得上做工具,并分出哪些功课是求知识做学问的工具,哪些功课是做人的工具；哪些功课是重要，哪些功课是次要。同时拿工具这个观念来督促自己，来分别轻重缓急，先生的教法，也可以拿工具这个观念来衡量。哪种教法是死的笨的，请先生改良，哪些应该特别注重，请先生注意。我这个话，不是叫学生对先生造反，而是请先生以工具来教，不要死板的照课本讲，这样推动先生，可以使得先生从没有精神提起精神，不是造反而是教学相长，不把功课当做功课看，把它当做必须的工具看。拿工具的观念看功课，功课便是活的。这一点也可以说是中学生治学的方法。

（二）良好习惯的养成。良好习惯的养成，即普通所谓的人品教育，品性人格的陶冶。教育学家心理学家都告诉我们说：人品性格是习惯的养成，好的品格是好的习惯养成。中学生是定型的阶段，中学生时期与其注重治学方法，毋宁提倡良好习惯的养成。一个人的坏习惯在中学还可纠正，假使在中学里不能养成良好的习惯，这个人的前途便算完了，在大学里不会是个好学生，在社会里不会是个有用的人才。我愿在这里提醒青年学生们的注意，也请学生的父兄教师们注意。

我们的国家以前专注重文字教育，读书人的指甲蓄得很长，手脸都是白白的，行动是文绉绉的，读书可以从"学而时习之"背诵起，写文章摇摇摆摆地会写出许多好听的词句来，可是他们是无用的，不能动手，也不能动脚，连桌凳有一点坏了，也不能拿起斧头钉子来修理。这种只能背书写文章的读书人就是没有养成良好的习惯——动手动脚的习惯。

我在台湾大学讲"治学方法"时，讲到一个故事：宋时有一新进士请教老前辈做官的秘诀，老前辈告诉他四个字："勤、谨、和、缓。"这四个字，大家称为做官秘诀，我把它看做做人、做事、做学问的秘诀。简单的分别说：

勤，就是不偷懒，不走捷径，要切切实实，辛辛苦苦地去做。要用眼睛的用眼睛，用手的用手，用脚的用脚。先生叫你找材料，你就到应该到的地方去找；叫你找标本，你就到田野，到树林里去找。无论在实验室里，自然界里，都不要偷懒，一点一滴的去做。

谨，就是谨慎，不粗心，不苟且。以江浙的俗语来说，不拆烂污。写字，一点一横都不放过。写外国字，i 的一点、t 的一横，也一样的不放过。做数学，一个圈、一个小数点都不可苟且。不要以为这是小事情，做事关系天下的大事，做学问关系成败，所以细心谨慎，是必须要养成的习惯。

和，就是不要发脾气，不要武断；要虚心，要和和平平。什么叫做虚心？脑筋不存成见，不以成见来观察事，不以成见来对待人。就做学问来说，要以心平气和的态度来做化学、数学、历史、地理，并以心平气和的态度来学语文。无论对事、对人、对物、对问题、对真理，完全是虚心的，这叫做和。

缓，这个字很重要，缓的意思不要忙，不轻易下一个结论。如果没有缓的习惯，前面三个字都不容易做到。譬如找证据，这是很难的工作，如果要几点钟交卷，就不能做到勤的工夫。忙于完成，证据不够，不管它了，这样就不能做到勤的工夫。匆匆忙忙的去做，当然不能做到和的工夫。所以证据不够,应该悬而不断,就是姑且挂在那里。悬而不断,并不是叫你搁下来不管,是要你勤,要你谨,要你和。缓,就是南方人说的"凉凉去吧",缓的意思,是要等着找到了充分的证据,然后根据事实来下判断。无论做学问、做事、做官、做议员,都是一样的。大家知道治花柳病的名药"六〇六"吧?什么叫"六〇六"呢?经过六百零六次的试验才成功的。"九一四"则试验了九百一十四次。达尔文的生物进化论,认为动植物的生存进化与环境有绝大的关系,也费了三十年的工夫,到四海去搜集标本和研究,并与朋友们往复讨论。朋友们都劝他发表,他仍然不肯。后来英国皇家学会收到另一位科学家华莱士的论文,其结论与达尔文的一样,朋友们才逼着达尔文把研究的结论公布,并提出与朋友们讨论的信件,来证明他早已获得结论,于是皇家学会才决定同华莱士的论文同时发表。达尔文这种持重的态度,不是缺点,是美德,这也是科学史上勤谨和缓的实例。值得我们去想想,作为榜样,尤其青年学生们要在中学里便养成这种好习惯。有了这种好习惯,无论是做人做事做学问,将来不怕没有成就。

中学生高中结业后,面临的问题是继续升学或到社会去找职业。升学应如何选科?到社会去应如何择业?简单地说,有两个标准:

(一)社会的标准。社会上所需要的、最易发财的、最时髦的是什么?这便是社会的标准。台湾大学钱校长告诉我说,今年台大招生,投考学生中外文成绩好的都投考工学院,尤其是考电机工程、机械工程的特多,考文史的则很少,因为目前社会需要工程师,学成后容易得到职业而且待遇好。这种情形,在外国也是一样的,外国最吃香的学科是原子能、物理学和航空工程,干这一行的,最受欢迎,最受优待。

(二)个人的标准。所谓个人的标准,是个人的兴趣、性情、天才接近哪门学科,适于哪一行业。简单地说,能干什么。社会上需要工程师,学工程的固不忧失业,但个人的性情志趣是否与工程相合?父母兄长爱人都希望你学工程,而你的性情志趣,甚至天才,却近于诗词、小说、戏剧、文学,你如迁就父母兄长爱人之所好而去学工程,结果工程界里多了一个饭桶,国家社会失去了一个第一流的诗人、小说家、文学家、戏剧学家,不是可惜了吗?所以个人的标准比社会的标准重要。因为社会标准所需要的太多,中国人常说社会职业有三百六十行,这是以前的说法,现在何止三百六十行,也许三千六百行,三万六千行都有,三千六百行,三万六千行,行行都需要。社会上需要建筑工程师,需要水利工程师,需要电力工程师,也需要大诗人、大美术家、大法学家、大政治家,同时也需要做新式马桶的工人。能做新式马桶的,照样可以发财。社会上三万六千行,既是行行都需要,一个人绝不可能会做每行的事,顶多会二三行,普通都只能会一行的。在这种情形之下,试问是社会的标准重要?还是个人的标准重要?当然是个人的重要!因此选科择业不要太注重社会上的需要,更不要迁就父母兄长爱人的所好。爸爸要你学赚钱的职业,妈妈要你学时髦的职业,爱人要你学社会上有地位的职业,你都不要管他，只问你自己的性情近乎什么？自己的天才力量能做什么？配做什么？要根据这些来决定。

历史上在这一方面，有很好的例子。意大利的伽利略是科学的老祖宗，是新的天文学家、新的物理学家的老祖宗。他的父亲是一个数学家，当时学数学的人很倒霉。在伽利略进大学的时候（三百多年前），他父亲因不喜欢数学，所以要他学医，可是他读医科，毫无兴趣，朋友们以他的绘画还不坏，认为他有美术天才，劝他改学美术，他自己也颇以为然。有一天他偶然走过雷积教授替公爵府里面做事的人补习几何学的课室，便去偷听，竟大感兴趣，于是医学不学了，画也不学了，改学他父亲不喜欢的数学。后来替全世界创立了新的天文学、新的物理学，这两门学问都建筑于数学之上。

最后说我个人到外国读书的经过。民国前二年，考取官费留美，家兄特从东三省赶到上海为我送行，以家道中落，要我学铁路工程，或矿冶工程。他认为学了这些回来，可以复兴家业，并替国家振兴实业。不要我学文学、哲学，也不要学做官的政治法律，说这是没有用的。当时我同许多人谈谈这个问题。以路矿都不感兴趣，为免辜负兄长的期望，决定选读农科，想做科学的农业家，以农报国。同时美国大学农科，是不收费的，可以节省官费的一部分，寄回补助家用。进农学院以后第三个星期，接到实验系主任的通知，要我到该系报到实习。报到以后，他问我："你有什么农场经验？"我说："我不是种田的。"他又问我："你做什么呢？"我说："我没有做什么，我要虚心来学，请先生教我。"先生答应说："好。"接着问我洗过马没有，要我洗马。我说："我们中国种田，是用牛不是用马。"先生说："不行。"于是学洗马，先生洗了一半，我洗一半，随即学驾车，也是先生套一半，我套一半。做这些实习，还觉得有兴趣。下一个星期的实习，为苞谷选种，一共有百多种，实习结果，两手起了泡，我仍能忍耐，继续下去，一个学期结束了，各种功课的成绩，都在八十五分以上。到了第二年，成绩仍旧维持到这个水准。依照学院的规定，各科成绩在八十五分以上的，可以多选两个学分的课程，于是增选了种果学。起初是剪树、接种、浇水、捉虫，这些工作，也还觉得有兴趣。在上种果学的第二星期，有两小时的实习苹果分类。一张长桌，每个位子分置了四十个不同种类的苹果，一把小刀，一本苹果分类册。学生们须根据每个苹果的长短，开花孔的深浅、颜色、形状、果味和脆软等标准，查对苹果分类册，分别其类别（那时美国苹果有四百多类，现恐有六百多类了）、普通名称和学名。美国同学都是农家子弟，对于苹果的普通名称一看便知，只需在苹果分类册里查对学名，便可填表交卷，费时甚短。我和一位郭姓同学则须一个一个地经过所有检别的手续，花了两小时半，只分类了二十个苹果，而且大部分是错的。晚上我对这种实习起了一种念头：我花了两小时半的时间，究竟是在干什么？中国连苹果种子都没有，我学它什么用处？自己的性情不相近，干吗学这个？这两个半钟头的苹果实习使我改行，于是，决定离开农科。放弃一年半的时间（这时我已上了一年半的课）牺牲了两年的学费，不但节省官费补助家用已不可能，维持学业很困难。以后我改学文科，学哲学、政治、经济、文学。在没有回国时，以前与朋友们讨论文学问题,引起了中国的文学革命运动,提倡白话,拿白话作文,做教育工具。这与农场经验没有关系,苹果学没有关系,是我那时的兴趣所在。我的玩意儿对国家贡献最大的便是文学的"玩意儿",我所没有学过的东西。最近研究《水经注》(地理学的东西)。我已经六十二岁了,还不知道究竟学什么?都是东摸摸、西摸摸,也许我以后还要学学水利工程亦未可知,虽则我现在头发都白了,还是无所专长,一无所成。可是我一生很快乐,因为我没有依社会需要的标准去学时髦。我服从了自己的个性,根据个人的兴趣所在去做,到现在虽然一无所成,但是我生活得很快乐。希望青年朋友们,接受我经验得来的这个教训,不要问爸爸要你学什么,妈妈要你学什么,爱人要你学什么;要问自己性情所近,能力所能做的去学。这个标准很重要,社会需要的标准是次要的。

31. 大学的择系标准[①]

[①] 1958年6月5日在台湾大学法学院演说词。原载1958年6月19日台北《大学新闻》,收入《胡适演讲集》中册(1970年台北出版社),《胡适教育文选》(柳芳主编)等。——编者

……

转系要以什么为标准呢？依自己的兴趣呢？还是看社会的需要？我年轻时候留学日记有一首诗，现在我也背不出来了。我选课用什么标准？听哥哥的话？看国家的需要？还是凭自己？只有两个标准：一个是"我"；一个是"社会"。看看社会需要什么？国家需要什么？中国现代需要什么？但这个标准——社会上三百六十行，行行都需要，现在可以说三千六百行，从诺贝尔得奖人到修理马桶的，社会都需要，所以社会的标准并不重要。因此，在定主意的时候，便要依着自我的兴趣了——即性之所近，力之所能。我的兴趣在什么地方？与我性质相近的是什么？问我能做什么？对什么感兴趣？我便照着这个标准转到文学院了。但又有一个困难，文科要缴费，而从康大中途退出，要赔出以前两年的学费，我也顾不得这些。经过四位朋友的帮忙,由八十元减到三十五元,终于达成愿望。在文学院以哲学为主,英国文学、经济、政治学之门为副。后又以哲学为主,经济理论、英国文学为副科。到哥伦比亚大学后,仍以哲学为主,以政治理论、英国文学为副。我现在六十八岁了,人家问我学什么,我自己也不知道学些什么。我对文学也感兴趣,白话方面也曾经有过一点小贡献。在北大,我曾做过哲学系主任、外国文学系主任、英国文学系主任,中国文学系也做过四年的系主任,在北大文学院六个学系中,五系全做过主任。现在我自己也不知道学些什么。我刚才讲过现在的青年太倾向于现实了,不凭性之所近,力之所能去选课。譬如一位有作诗天才的人,不进中文系学作诗,而偏要去医学院学外科,那么文学院便失去了一个一流的诗人,而国内却添了一个三四流甚至五流的饭桶外科医生,这是国家的损失,也是你们自己的损失。

在一个头等、第一流的大学,当初日本筹划帝大的时候,真的计划远大,规模宏伟,单就医学院就比当初日本总督府还要大,科学的书籍都是从第一号编起,基础良好。我们接收已有十余年了,总算没有辜负当初的计划。今日台大可说是国内唯一最完善的大学。各位不要有成见,带着近视眼镜来看自己的前途,看自己的将来。听说入学考试时有七十二个志愿可填,这样七十二变,变到最后不知变成了什么,当初所填的志愿,不要当做最后的决定,只当做暂时的方向。要在大学一、二年的时候,东摸摸西摸摸的瞎摸。不要有短见,十八九岁的青年仍没有能力决定自己的前途、职业,进大学后第一年到处去摸、去看、探险去,不知道的我偏要去学。如在中学时候的数学不好,现在我偏要去学,中学时不感兴趣的,也许是老师不好。现在去听听最好的教授的讲课,也许会提起你的兴趣。好的先生会指导你走一个好的方向,第一二年甚至于第三年还来得及,只要依着自己"性之所近,力之所能"的做去,这就是清代大儒章学诚的话。

现在我再说一个故事,不是我自己的,而是近代科学的开山大师——伽利略(Calileo)。他是意大利人,父亲是一个有名的数学家,他的父亲叫他不要学他这一行,学这一行是没饭吃的,要他学医。他奉命而去。当时意大利正是文艺复兴的时候,他到大学以后曾被教授和同学捧誉为"天才的画家",他也很得意。父亲要他学医,他却发现了美术的天才。他读书的佛劳伦斯地方是一工业区,当地的工业界首领希望在这大学多造就些科学的人才,鼓励学生研究几何,于是在这大学里特为官儿们开设了几何学一科,聘请一位叫 Ricci 氏当教授。有一天,他打从那个地方过,偶然的定脚在听讲,有的官儿们在打瞌睡,而这位年轻的伽利略却非常感兴趣。于是不断地一直继续下去,趣味横生,便改学数学,由于浓厚的兴趣与天才,就决心去东摸摸西摸摸,摸出一条兴趣之路,创造了新的天文学、新的物理学,终于成为一位近代科学的开山大师。

大学生选择学科就是选择职业。我现在六十八岁了,我也不知道所学的是什么。希望各位不要学我这样老不成器的人,勿以七十二志愿中所填的一愿就定了终身,还没有的,就是大学二三年也还没定。各位在此完备的大学里，目前更有这么多好的教授人才来指导，趁此机会加以利用。社会上需要什么，不要管他，家里的爸爸、妈妈、哥哥、朋友等，要你做律师、做医生，你也不要管他们，不要听他们的话，只要跟着自己的兴趣走。想起当初我哥哥要我学开矿、造铁路，我也没听他的话。自己变来变去变成一个老不成器的人。后来我哥哥也没说什么。只管我自己，别人不要管他。依着"性之所近，力之所能"学下去，其未来对国家的贡献也许比现在盲目所选的或被动选择的学科会大得多，将来前途也是无可限量的。下课了！下课了，谢谢各位。

附:语萃

什么是人格?人格只是已养成的行为习惯的总和。什么是信心?信心只是敢于肯定一个不可知的将来的勇气。

——《写在孔子诞辰纪念之后》

天下多少事业,皆起于一二人之梦想。今日大患,在于无梦想之人耳。……天下无不可为之事,无不可见诸实际之理想。

——《胡适留学日记》

我在二十多年前最爱引易卜生对他的青年朋友说的一句话:"你要想有益于社会,最好的法子莫如把自己这块材料铸造成器。"我现在还要把这句话赠送给一切悲观苦闷的青年朋友。社会国家需要你们做最大的努力,所以你们必须先把自己这块材料铸造成有用的东西,方才有资格为社会国家努力。

——《青年人的苦闷》

"自立"的意义,只是要发展个人的才性,可以不倚赖别人,自己能独立生活,自己能替社会做事。

——《美国的妇人——在北京女子师范学校的讲演》

我的人生观是深信一切努力都是不朽的,都会发生影响。有时努力的人可以及身看见努力的结果,有时他自己看不见了,但他的工作,在他意想不到的时间与地域,居然开花结果了。一口含有病菌的痰,也许贻害到无穷的人;一句有力量的话,也许造福千百世之久。这都是不朽:善亦不朽,恶亦不朽。

——《汤晋遗著序》

工作是不负人的,努力是不会白费的。努力一分,就有一分的效果;努力十分,就有十分的效果。只有努力做工是我们唯一可靠的生路。

——《整整三年了》

我们应该早点预备下一些"精神不老丹"方才可望做一个白头的新人物。这个"精神不老丹"是什么呢?我说是永远可求得新知识新思想的门径。这种门径不外两条:(一)养成一种欢迎新思想的习惯,使新知识新思潮可以源源进来;(二)极力提倡思想自由和言论自由,养成一种自由的空气,布下新思潮的种子,预备我们到了七八十岁时,也还有许多簇新的知识思想可以收获来做我们的精神培养品。

——《〈不老〉——跋梁漱溟先生致陈独秀书》

道家的人生观名义上看重"自由",但一面要自由,一面又不争不辩,故他们只好寻他们所谓"内心的自由",消极的自由,而不希望实际的,政治的自由。结果只是一种出世的人生观,至多只成了一种自了汉,终日自以为"众人皆醉,而我独醒",其实也不过是白昼做梦而已。

——《从思想上看中国问题》

自由不是容易得来的。自由有时可以发生流弊,但我们决不因为自由有流弊便不主张自由。"因噎废食"一句套语,此时真用得着了。自由的流弊有时或发现于我们自己的家里,但我们不可因此便失望,不可因此便对于自由起怀疑的心。我们还要因此更希望人类能从这种流弊里学得自由的真意义,从此得着更纯粹的自由。

——《不可"因噎废食"——寄吴又陵先生书》

从中国向来知识分子的最开明的传统看,言论的自由,谏诤的自由,是一种"白天"的责任,所以说,"宁鸣而死,不默而生"。

——《宁鸣而死,不默而生》

我以为,这种懒惰下流不思想的心理习惯,是我们的最大敌人。宁可宽恕几个政治上的敌人,万不可容纵这个思想上的敌人。因为在这种恶劣根性之上,决不会有好政治出来,决不会有高文明起来。

——《胡适致李幼春、常燕生》

思想切不可变成宗教,变成了宗教,就不会虚而能受了,就不思想了。我宁可保持我无力的思想,决不肯换取任何有力而不思想的宗教。

——《胡适致陈之藩的信》

近来最荒谬的言论是说恋爱是人生第一大事。恋爱只是生活的一件事。同吃饭、睡觉、做学问等事比起来，恋爱是不很重要的事。人不可以不吃饭，但不一定有恋爱。学问欲强的人，更不必要有恋爱。孔德（Conte）有恋爱适足为他一生之累，康德（Kant）终身无恋爱，于他有何损伤？

——《胡适致刘公任的信》

人在青年时代，当尽力做"增加求学的能力"和"发展向来不曾发现的兴趣"两项工作。能力增加了，兴趣博大浓厚了，再加上良好习惯的养成，这便是人格的养成，不仅仅是知识上的进境而已。

——《胡适致夏蕴兰》

一个人应该有一个职业，同时也应该有一个业余的嗜好。一切职业是平等的：粪夫与教授，同时为社会服务，同样的是一个堂堂的人。但业余的嗜好的高下却可以决定一个人的前途的发展。如果他的业余嗜好是赌博，他就是一个无益的人；如果他的业余嗜好是读书，或是学画，或是做慈善事业，或是研究无线电，或是学算学……他也许可以发展他的天才，把他自己造成一个更有用的人。等到他的业余有了成绩，他的业余就可以变成他的主要职业了。

——《胡适致郑中田》

成功之要道无他，浓挚之兴趣，辅之以坚韧之工夫而已耳。然坚韧之工夫，施之于性之所近，生平所酷嗜，则既不勉强，收效尤易而大。

——《胡适留学日记》

今日青年人的大毛病是误信"天才""灵感"等等最荒谬的观念，而不知天才没有功力只能蹉跎自误，一无所成。世界大发明家爱迪生说得最好："天才（Genius）是一分神来，九十九分汗下。"他所谓"神来"（Inspiration）即是玄学鬼所谓"灵感"。用血汗苦功到了九十九分时，也许有一分的灵巧新花样出来，那就是创作了。颓废懒惰的人，痴待"灵感"之来，是终无所成的。寿生先生引孔子的话："吾尝终日不食，终夜不寝，以思，无益，不如学也。"这一位最富于常识的圣人的话是值得我们大家想想的。

——《三论信心与反省》

Expression is the best means of appropriating an impression.（你若想把平时所得的印象感想变成你自己的，只有表现是最好的方法。）此是自作格言。如做笔记，做论文，演说，讨论，皆是表现。平日所吸收之印象皆模糊不分明，一经记述，自清楚分明了。

——《胡适留学日记》

什么东西都要拿证据来，大胆的假设，小心的求证。这种方法可以打倒一切教条主义，盲从主义，可以不受人欺骗，不受人牵着鼻子走。

——《就任中央研究院院长典礼致词》

科学精神在于寻求事实,寻求真理。科学态度在于撇开成见,搁起感情,只认得事实,只跟着证据走。科学方法只是"大胆的假设,小心的求证"十个字。没有证据,只可悬而不断;证据不够,只可假设,不可武断;必须等待证实之后,方才奉为定论。

——《介绍我自己的思想》

我相信种瓜总可以得瓜,种豆总可以得豆,但不下种必不会有收获。收获不必在我,而耕种应该是我们的责任。这种信仰已成一种宗教——个人的宗教。虽然有时也信道不坚,守道不笃,也嘲笑自己,"何苦乃尔"!但不久又终舍弃此种休假态度,回到我所谓"努力"的路上。

——《胡适致周作人》

君子立论,宜存心忠厚,凡不知其真实动机而其事有可取者,还应该嘉许其行为,而不当学理学家诛心的苛刻论调。

——《胡适致晨报记者的信》

我常说:"做学问要于不疑处有疑;待人要于有疑处不疑。"若不如此,必致视朋友为仇雠,视世界为荆天棘地。

——《胡适致白薇》

"正义的火气"就是自己认定我自己的主张是绝对的是,而一切与我不同的见解都是错的。一切专断、武断、不容忍、摧残异己,往往都是从"正义的火气"出发的。

——《胡适致苏雪林的信》

我们深深地感觉现时中国的最大需要是一些能独立思想，肯独立说话，敢独立做事的人。古人说的"富贵不能淫，贫贱不能移，威武不能屈"，这是独立的最好说法。但在今日，还有两种重要条件是孟子当日不曾想到的：第一是"成见不能束缚"，第二是"时髦不能引诱"。现今有许多人所以不能独立，只是因为不能用思考与事实去打破他们的成见；又有一种人所以不能独立，只是因为他们不能抵御时髦的引诱。"成见"在今日所以难打破，是因为有一些成见早已变成很固定的"主义"了。懒惰的人总想用现成的，整套的主义来应付当前的问题，总想拿事实来附会主义。有时候一种成见成为时髦的风气，或成为时髦的党纲信条，那就更不容易打破了。我们所希望的是一种虚心的、公心的、尊重事实的精神。我们不说时髦话，不唱时髦的调子，只要人撇开成见，看看事实，因为我们深信只有事实能给我们真理，只有真理能使我们独立。

——《独立评论一周年》

我回中国所见的怪现状，最普通的是"时间不值钱"。中国人吃了饭没有事做，不是打麻将，便是打"扑克"。有的人走上茶馆，泡了一碗茶，便是一天了。有的人拿一只鸟儿到处逛逛，也是一天了。更可笑的是朋友去看朋友，一坐下便生了根了，再也不肯走。有事商议，或是有话谈论，倒也罢了。其实并没有可议的事，可说的话。

美国有一位大贤名弗兰克林（Benjamin Franklin）的，曾说道："时间乃是造成生命的东西。"时间不值钱，生命自然也不值钱了。

——《归国杂感》

凡是有大成功的人,都是有绝顶聪明而肯做笨工夫的人,才有大成就。不但中国如此,西方也是如此。

——《晚年谈话录》

我是不会紧张,也不会忧虑的。不过遇到烦心的事情,就坐下来做些小考证。做些小考证,等于人家去打牌,什么都忘了,可以解除烦恼。

——《晚年谈话录》

我觉得一切在社会上有领袖地位的人都是西洋人所谓"公人"(Public Men),都应该注意他们自己的行为,因为他们的私行为也许可以发生公众的影响。但我也不赞成任何人利用某人的私行为来做攻击他人的武器。

——《胡适致汤尔和》

我们要谈博爱,一定要换一观念。古时那种喂蚊割肉的博爱,等于开空头支票,毫无价值。现在的科学才能放大我们的眼光,促进我们的同情心,增加我们助人的能力。我们需要一种以科学为基础的博爱——一种实际的博爱。孔子说:"修己以敬,修己以安人,修己以安百姓。"修己就是把自己弄好。我们应当先把自己弄好,然后帮助别人;独善其身然后能兼善天下。

——《大宇宙中谈博爱》

人性是不容易改变的,公德也不是一朝一夕造成的。故救济之道不在乎妄想人心大变,道德日高,乃在乎制定种种防弊的制度。

中国有句古话说:"先小人而后君子。"先要承认人性的脆弱,方才可以期望大家做君子。故有公平的考试制度,则用人可以无私;有精密的簿记审计,则账目可以无弊。制度的训练可以养成无私无弊的新习惯。

——《请大家来照照镜子》

吾国家庭,父母视子妇如一种养老存款(Old Age Pension),以为子妇必须养亲,此一种依赖性也。子妇视父母遗产为固有,此又一依赖性也。甚至兄弟相倚依,以为兄弟有相助之责。再甚至一族一党,三亲六戚,无不相倚依。一人成佛,一族飞升,一子成名,六亲聚唊之,如蚁之附骨,不以为耻而以为当然,此何等奴性!真亡国之根也!夫子妇之养亲,孝也,父母责子妇以必养,则依赖之习成矣。

——《胡适留学日记》

古人夫妇相敬如宾,传为美谈。夫妇之间,尚以相敬为难为美;一家之中,父母之于子,舅姑之于妇,及姑嫂妯娌之间,皆宜以"相敬如宾"为尚,明矣。家人妇子同居一家,"敬"字最难,不敬,则口角是非生焉矣。析居析产,所以重个人之人格也,俾不得以太亲近而生狎慢之心焉。而不远去,又不欲其过疏也,俾时得定省父母,以慰其迟暮之怀,有疾病死亡,又可相助也。

——《一个模范家庭》

我总认为容忍的态度比自由更重要,比自由更根本。我们也可说,容忍是自由的根源。社会没有容忍,就不会有自由。无论古今中外都是这样:没有容忍,就不会有自由。人们自己往往都相信他们的想法是不错的,他们的思想是不错的,他们的信仰也是不错的,这是一切不容忍的本源。如果社会上有权有势的人都感觉到他们的信仰不会错,他们的思想不会错,他们就不许人家信仰自由,思想自由,言论自由,出版自由。……希望懂得容忍是双方面的事。一方面,我们运用思想自由、言论自由的权利时,应该有一种容忍的态度;同时政府或社会上有势力的人,也应该有一种容忍的态度。大家都应该觉得我们的想法不一定是对的,是难免有错的,因为难免有错,便应该容忍逆耳之言,这些听不进去的话,也许有道理在里面。

——《容忍与自由》

我是一个爱自由的人——虽然别人也许嘲笑自由主义是十九世纪的遗迹——我最怕的是一个猜疑、冷酷、不容忍的社会。我深深地感觉你们的笔战里双方都含有一点不容忍的态度,所以不知不觉地影响了不少的少年朋友,暗示他们朝着冷酷、不容忍的方向走!这是最可惋惜的。

——《胡适致鲁迅、周作人、陈源》

做人的本领不全是学校教员能教给学生的。它的来源最广大。从母亲、奶妈、仆役……到整个社会——当然也包括学校——都是训练做人的场所。在那个广大的"做人训练所"里,家庭占的成分最大,因为"三岁定八十"是不磨灭的名言。

——《胡适致叶英》

我所有的主张,目的并不止于"主张",乃在"实行这主张"。故我不屑"立异以为高"。我"立异"并不"以为高"。我要人知道我为什么要"立异"。换言之,我"立异"的目的在于使人"同"于我的"异"。

——《胡适致钱玄同》

没有长期的自觉的奋斗,决不会有法律规定的权利;有了法律授予的权利,若没有养成严重保护自己的权利的习惯,那些权利还不过是法律上的空文。法律只能规定我们的权利,决不能保障我们的权利。权利的保障全靠个人自己养成不肯放弃权利的好习惯。

——《民权的保障》

我是向来不替人介绍工作的。这次到院里来不带一个人。从前在北大时也不曾带一个人。就是在中公当校长时,我请杨亮功当副校长,那时请他帮我忙。那时江宝和当会计,不是我的意思,是校董会请他,丁谷音硬要他去担任的。我现在的地位是不能随便写信介绍工作的。我写一封信给人家,等于压人家,将使人家感到不方便。

——《胡适之先生晚年谈话录》

我四十年不写荐人的信给任何朋友,这是一种"自律"。我的意思只是要替朋友减轻一点麻烦,不让他们感觉连胡适之也不能体谅他们的困难,也要向他们推荐人。这种自律,也许有矫枉过正的地方,但我总觉得这是一个新时代应该有的风气,值得我自己维持到底的。

——《胡适致水泽柯的信》